名前

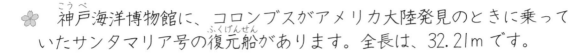

✿ 神戸海洋博物館に、コロンブスがアメリカ大陸発見のときに乗っていたサンタマリア号の復元船があります。全長は、32.21m です。

① （　）に、数の位をかきましょう。

$$3\ 2\ .\ 2\ 1$$

↑　↑　↑　↑
㋐　㋑　㋒　㋓
の　の　の　の
位　位　位　位

㋐（　　　　の位）

㋑（　　　　の位）

㋒（　　　　の位）

㋓（　　　　の位）

② $\frac{1}{10}$ , $\frac{1}{100}$ のもけいをつくると、それぞれ何mになりますか。

$\frac{1}{10}$ → （　　　　　　　）

$\frac{1}{100}$ → （　　　　　　　）

JN112249

③ 現在、世界最大のコンテナ船は、397.7m あります。サンタマリア号を 10 倍したら、どちらが長いかくらべます。□にサンタマリア号の 10 倍の長さ、▭に不等号をかきましょう。

▭　▭　　397.7

　　小数や整数を 10 倍、100 倍すると、位は 1 けた、2 けた上がります。
　　また、$\frac{1}{10}$、$\frac{1}{100}$ すると位は 1 けた、2 けた下がります。

# 整数と小数 (2)　名前

**1** 2.5 を 10 倍、100 倍にした数、$\frac{1}{10}$、$\frac{1}{100}$ にした数をかきましょう。

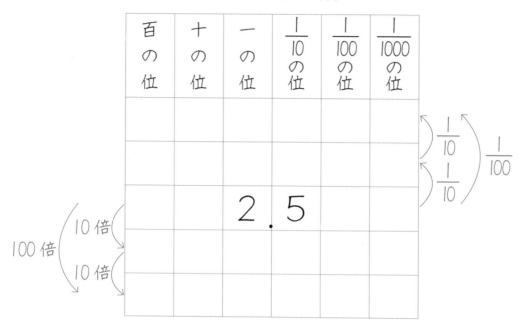

| 百の位 | 十の位 | 一の位 | $\frac{1}{10}$の位 | $\frac{1}{100}$の位 | $\frac{1}{1000}$の位 |
|---|---|---|---|---|---|
| | | | | | |
| | | | | | |
| | | 2.5 | | | |
| | | | | | |
| | | | | | |

**2** 小数点や 0 に気をつけて、次の計算をしましょう。

① 2.36×10 ＝

② 3.14×100 ＝

③ 9.58×1000 ＝

④ 57.6÷10 ＝

⑤ 70.1÷100 ＝

⑥ 365÷1000 ＝

**3** □にあてはまる数をかきましょう。

42.195＝10× □ ＋1× □ ＋0.1× □ ＋0.01× □ ＋0.001× □

**4** 0、1、5、9 と小数点を使って、1 に一番近い数をつくりましょう。

(　　　　　)

# まえがき

　新学習指導要領の改訂により、小学校で学ぶ内容は英語なども加わり多岐にわたるようになりました。しかし、算数や国語といった教科の大切さは変わりません。

　そして、算数の力を身につけるためには、学校の授業で学んだことを「くり返し学習する」ことが大切です。ただ、学校で学ぶことはたくさんあるけれど、学習時間は限られているため、家庭での取り組みが一層大切になってきます。

## ロングセラーをさらに使いやすく

　本書「陰山ドリル　上級算数」は、算数の基礎基本を身につけ、さらに応用力を養うドリルです。

　長年、小学生や保護者の皆さんに支持されてきました。それは、「家庭」で「くり返し」、「取り組みやすい」よう工夫されているからです。

　今回、指導要領の改訂に合わせ、内容の更新を行うとともに、さらに新しい工夫を加えています。

## 陰山ドリル上級算数のポイント

・図などを用いた「わかりやすい説明」
・「なぞり書き」で学習でサポート
・大切な単元には理解度がわかる「まとめ」つき
・豊富な問題量で応用力を養う

　つまずきを少なくすることで「算数の苦手意識」をなくし、できたという「達成感」が得られるようになります。

　本書が、お子様の学力育成の一助になれば幸いです。

陰山英男・桝谷雄三

# も　く　じ

整数と小数（1）〜（2）……………………3

小数のかけ算（1）〜（7）……………………5

　まとめ（1）〜（2）…………… 12

小数のわり算（1）〜（10）………… 14

　まとめ（3）〜（4）…………… 24

整数の性質（1）〜（12）………… 26

　まとめ（5）〜（6）…………… 38

合同な図形（1）〜（8）…………… 40

　まとめ（7）〜（8）…………… 48

分数（1）〜（4）…………………… 50

分数のたし算・ひき算（1）〜（8）……… 54

　まとめ（9）〜（10）…………… 62

図形の面積（1）〜（8）…………… 64

　まとめ（11）〜（12）………… 72

多角形と円周（1）〜（8）………… 74

　まとめ（13）〜（14）………… 82

角柱と円柱（1）〜（6）…………… 84

　まとめ（15）〜（16）………… 90

体　積（1）〜（6）………………… 92

　まとめ（17）〜（18）………… 98

単位あたりの大きさ（1）〜（8）……… 100

　まとめ（19）〜（20）………… 108

速　さ（1）〜（6）………………… 110

　まとめ（21）〜（22）………… 116

割合とグラフ（1）〜（8）…………… 118

　まとめ（23）〜（24）………… 126

かんたんな比例（1）〜（2）…………… 128

答え………………………………… 130

# 小数のかけ算 (1)  名前

**1** たて3cm、横4.5cmの長方形の面積を求めましょう。

㋐ 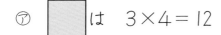 は 3×4＝12

㋑ ㋑ が3つで、1.5cm²。

全部で

12cm² ＋ 1.5cm² ＝ 13.5cm²

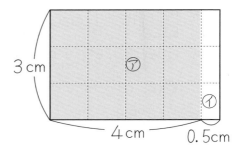

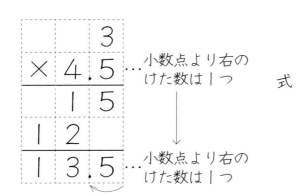

…小数点より右の
けた数は1つ

↓

…小数点より右の
けた数は1つ

式

答え _____

**2** 次の計算をしましょう。

①

②

③

④

# 小数のかけ算 (2)

**1** たて 3.5cm、横 4.5cm の長方形の面積を求めましょう。

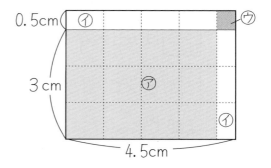

⑦ □ は、12cm²。

④ ④が7つで、3.5cm²。
　⑦は、0.5cm² の半分だから、
　0.25cm²。

全部で

12＋3.5＋0.25＝15.75

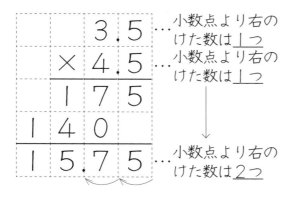

…小数点より右の
けた数は1つ

…小数点より右の
けた数は1つ

…小数点より右の
けた数は2つ

式

答え

**2** 次の計算をしましょう。

①

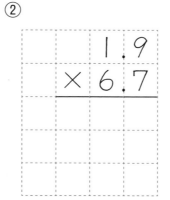

②

３

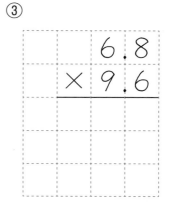

✿　次の計算をしましょう。

① 
```
    3.6
×   8.4
```

② 
```
    5.7
×   7.2
```

③ 
```
    3.8
×   8.9
```

④ 
```
    7.8
×   9.8
```

⑤ 
```
    6.7
×   3.6
```

⑥ 
```
    9.9
×   8.9
```

⑦ 
```
    9.4
×   9.8
```

⑧ 
```
    7.9
×   7.8
```

⑨ 
```
    5.3
×   9.5
```

# 小数のかけ算 (4)

名前

✿ 次の計算をしましょう。不要な0は消します。

① 
$$\begin{array}{r} 5.4 \\ \times\ 7.5 \\ \hline \end{array}$$

② 
$$\begin{array}{r} 2.5 \\ \times\ 6.2 \\ \hline \end{array}$$

③ 
$$\begin{array}{r} 3.6 \\ \times\ 9.5 \\ \hline \end{array}$$

④ 
$$\begin{array}{r} 6.5 \\ \times\ 7.6 \\ \hline \end{array}$$

⑤ 
$$\begin{array}{r} 2.5 \\ \times\ 8.4 \\ \hline \end{array}$$

⑥ 
$$\begin{array}{r} 7.5 \\ \times\ 4.8 \\ \hline \end{array}$$

⑦ 
$$\begin{array}{r} 4.4 \\ \times\ 2.5 \\ \hline \end{array}$$

⑧ 
$$\begin{array}{r} 3.6 \\ \times\ 7.5 \\ \hline \end{array}$$

⑨ 
$$\begin{array}{r} 6.8 \\ \times\ 2.5 \\ \hline \end{array}$$

# 小数のかけ算 (5)

名前

❀　次の計算をしましょう。

① 
$$\begin{array}{r} 0.3 \\ \times\ 0.6 \\ \hline \end{array}$$

② 
$$\begin{array}{r} 0.9 \\ \times\ 0.9 \\ \hline \end{array}$$

③ 
$$\begin{array}{r} 0.06 \\ \times\ 0.2 \\ \hline \end{array}$$

④ 
$$\begin{array}{r} 0.2 \\ \times\ 0.3 \\ \hline \end{array}$$

⑤ 
$$\begin{array}{r} 0.2 \\ \times\ 0.4 \\ \hline \end{array}$$

⑥ 
$$\begin{array}{r} 0.03 \\ \times\ 0.2 \\ \hline \end{array}$$

⑦ 
$$\begin{array}{r} 0.5 \\ \times\ 0.6 \\ \hline \end{array}$$

⑧ 
$$\begin{array}{r} 0.4 \\ \times\ 0.5 \\ \hline \end{array}$$

⑨ 
$$\begin{array}{r} 0.05 \\ \times\ 0.8 \\ \hline \end{array}$$

⑩ 
$$\begin{array}{r} 1.25 \\ \times\ 0.2 \\ \hline \end{array}$$

⑪ 
$$\begin{array}{r} 2.03 \\ \times\ 0.3 \\ \hline \end{array}$$

⑫ 
$$\begin{array}{r} 3.06 \\ \times\ 0.5 \\ \hline \end{array}$$

# 小数のかけ算 (6)

名前

❀　次の計算をしましょう。

① 
$$\begin{array}{r} 0.43 \\ \times\ 0.66 \\ \hline \end{array}$$

② 
$$\begin{array}{r} 0.56 \\ \times\ 0.74 \\ \hline \end{array}$$

③ 
$$\begin{array}{r} 0.64 \\ \times\ 0.85 \\ \hline \end{array}$$

④ 
$$\begin{array}{r} 4.26 \\ \times\ 0.57 \\ \hline \end{array}$$

⑤ 
$$\begin{array}{r} 2.34 \\ \times\ 0.65 \\ \hline \end{array}$$

⑥ 
$$\begin{array}{r} 6.47 \\ \times\ 0.86 \\ \hline \end{array}$$

⑦ 
$$\begin{array}{r} 4.36 \\ \times\ 0.29 \\ \hline \end{array}$$

⑧ 
$$\begin{array}{r} 3.32 \\ \times\ 0.75 \\ \hline \end{array}$$

⑨ 
$$\begin{array}{r} 2.25 \\ \times\ 0.88 \\ \hline \end{array}$$

# 小数のかけ算 (7)

名前

月　日

❀ 次の計算をしましょう。

① 
$$1.89 \times 6.7$$

② 
$$2.67 \times 9.8$$

③ 
$$5.79 \times 9.7$$

④ 
$$2.79 \times 9.4$$

⑤ 
$$3.46 \times 7.5$$

⑥ 
$$6.14 \times 4.5$$

⑦ 
$$17.9 \times 8.7$$

⑧ 
$$38.9 \times 9.6$$

⑨ 
$$36.7 \times 6.3$$

— 11 —

# 小数のかけ算 まとめ (1)  名前

**1** 次の計算をしましょう。　　　　　　　　　　　　　　　　（各8点）

① 
```
   0.4
×  0.6
```

② 
```
   0.8
×  0.9
```

③ 
```
   0.4
×  0.5
```

④ 
```
   0.06
×    0.2
```

⑤ 
```
   3.7
×  8.4
```

⑥ 
```
   5.9
×  7.3
```

⑦ 
```
   3.8
×  7.6
```

⑧ 
```
   2.34
×  0.66
```

⑨ 
```
   6.37
×  0.86
```

⑩ 
```
   2.25
×  0.74
```

**2** 1mが4.5gのはり金があります。6.3mの重さは何gですか。
　　　　　　　　　　　　　　　　　　　　　　（式、答え各10点）

式

答え _____　　　　　　　　　　　　点

# 小数のかけ算 まとめ (2)　名前

**1** 次の計算をしましょう。　　　　　　　　　　(各8点)

①
```
    0.3
×   0.9
―――――――
```

②
```
    0.7
×   0.4
―――――――
```

③
```
    0.6
×   0.7
―――――――
```

④
```
    0.18
×    0.3
―――――――
```

⑤
```
    7.8
×   6.8
―――――――
```

⑥
```
    7.9
×   7.6
―――――――
```

⑦
```
    5.3
×   9.5
―――――――
```

⑧
```
    4.63
×   0.28
―――――――
```

⑨
```
    3.36
×   0.71
―――――――
```

⑩
```
    2.28
×   0.66
―――――――
```

**2** 積が、かけられる数より小さくなるものの番号をかきましょう。

(○1つ5点)

① $65 \times 0.3$　　② $0.07 \times 3.5$　　③ $2.4 \times 0.6$

④ $2.5 \times 0.7$　　⑤ $0.6 \times 1.9$　　⑥ $90 \times 0.4$

答え _____　　　　　点

# 小数のわり算 (1)

名前

❋　2mが72円のゴムひも㋐と、2.4mが72円のゴムひも㋑があります。1mあたりのねだんはいくらでしょう。

　　1mあたりのねだんを出すので、わり算をします。

式　| 代金 | ÷ | 長さ | = | 1mあたりのねだん |

㋐　　72　÷　2　=　☐

㋑　　72　÷　2.4　=　☐

㋐

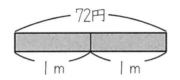

```
    3 6
2)7 2
  6
  1 2
  1 2
      0
```

㋑

72円

1m　　1m　　0.4m

（0.1mが24こある）

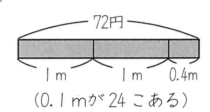

```
        3 0.
2.4)7 2 0.
①    7 2     ②
          0
```

**・計算のしかた・**

①　小数点を右へ1けた移します。

②　わられる数も①と同じように小数点を右へ1けた移します。（0をつけます。）

答え　　　　　　円　　　　　答え　　　　　　円

# 小数のわり算 (2)

名前

❀ 次の計算をしましょう。

① 
$$3.2 \overline{\smash{)}16.} \quad 5.$$

② 
$$4.5 \overline{\smash{)}27}$$

③ 
$$3.4 \overline{\smash{)}17}$$

④ 
$$5.2 \overline{\smash{)}208}$$

⑤ 
$$4.3 \overline{\smash{)}25.8}$$

⑥ 
$$3.2 \overline{\smash{)}25.6}$$

⑦ 
$$1.3 \overline{\smash{)}18.2}$$

⑧ 
$$1.8 \overline{\smash{)}23.4}$$

⑨ 
$$2.4 \overline{\smash{)}28.8}$$

⑩ 
$$1.2 \overline{\smash{)}25.2}$$

⑪ 
$$2.1 \overline{\smash{)}67.2}$$

⑫ 
$$2.6 \overline{\smash{)}88.4}$$

# 小数のわり算 (3)

名前

🌸 次の計算をしましょう。

①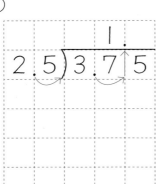

②

③

④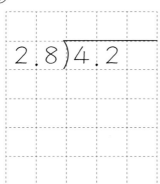

⑤ 

⑥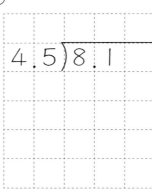

⑦

⑧ 

⑨

# 小数のわり算 (4)

名前

❀ 次の計算をしましょう。

① 

```
        8.
0.2)1.7↑
    1 6
      1 0
```

② 

```
0.5)3.6
```

③ 

```
0.4)2.6
```

④ 

```
0.4)1.4
```

⑤ 

```
0.5)4.3
```

⑥ 

```
0.6)3.9
```

⑦ 

```
0.6)4.6 2
```

⑧ 

```
0.8)4.3 2
```

⑨ 

```
0.6)2.8 8
```

# 小数のわり算 (5)

名前

🌸　次の計算をしましょう。

① 
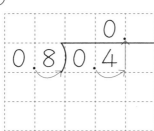

② 
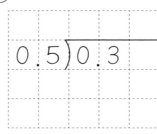

③ 
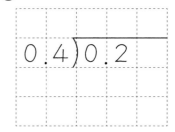

④ 
$$0.6 \overline{)0.36}$$

⑤ 
$$0.2 \overline{)0.18}$$

⑥ 
$$0.3 \overline{)0.15}$$

⑦ 
$$1.2 \overline{)0.6}$$

⑧ 
$$1.5 \overline{)0.3}$$

⑨ 
$$1.6 \overline{)0.8}$$

⑩ 
$$2.2 \overline{)1.1}$$

⑪ 
$$2.4 \overline{)1.2}$$

⑫ 
$$7.2 \overline{)3.6}$$

# 小数のわり算 (6)

名前

❀　わり切れるまで計算をしましょう。

① 

6.4)4.8 に商 0.

②

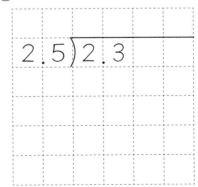

2.5)2.3

③

1.2)0.9

④

3.2)0.8

⑤

5.6)9.8

⑥

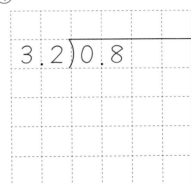

5.2)6.5

## 小数のわり算 (7)　名前

**1** 5L のジュースを 0.35L 入りのペットボトルにつめかえます。
ペットボトルは何本できて、何 L あまりますか。

式　5 ÷ 0.35 ＝

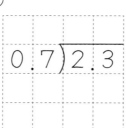

答え _____

**2** 商を一の位まで出し、あまりを出しましょう。

① 0.4)3

② 0.7)2.3

③ 1.4)2.5

④ 1.8)43.7

⑤ 0.3)17.3

⑥ 0.8)57

# 小数のわり算 (8)

名前

**1** 商は一の位まで求め、あまりも出しましょう。

①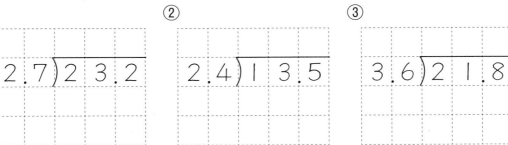

2.7)23.2

② 2.4)13.5

③ 3.6)21.8

**2** 商は $\frac{1}{10}$ の位まで求め、あまりも出しましょう。

①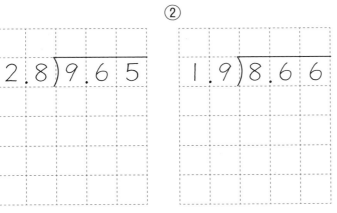

2.8)9.65

② 1.9)8.66

③ 2.5)9.92

**3** 次の小数の $\frac{1}{100}$ の位を四捨五入して $\frac{1}{10}$ の位までの数にしましょう。

① 5.86 （　　　　　）　　② 2.34 （　　　　　）

③ 7.41 （　　　　　）　　④ 8.77 （　　　　　）

**1** 体長 27.4m のくじらが泳いでいます。まさみさんの身長は 1.4m です。くじらの体長は、まさみさんの身長の約何倍ですか。四捨五入して $\frac{1}{10}$ の位まで求めましょう。

式

答え _____

**2** 商は四捨五入して、$\frac{1}{10}$ の位まで求めましょう。

① 2.1)3.9

② 3.5)7.6

③ 0.9)6.4

④ 0.8)4.5

# 小数のわり算 ⑽

名前

月 日

**1** 3.5m のリボンと 5.4m のリボンがあります。5.4m のリボンは、3.5m のリボンの約何倍ですか。商は、上から 2 けたのがい数で表しましょう。

式

答え _____

**2** 商は上から 2 けたのがい数で表しましょう。

① 

$$0.7 \overline{)1.6}$$

② 

$$0.9 \overline{)3.4}$$

③ 

$$1.7 \overline{)7.3}$$

④ 

$$3.3 \overline{)4.1}$$

# 小数のわり算 まとめ (3)　名前

**1** わり切れるまで計算しましょう。　　　　　　　　　　　　(各20点)

①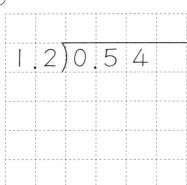

②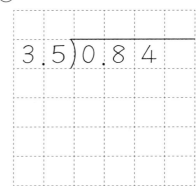

**2** 商を四捨五入して、上から2けたのがい数で表しましょう。

（各20点）

①

②

5.2)7.7

**3** 6mのリボンから0.45mのリボンをつくります。何本できて、何m
あまりますか。　　　　　　　　　　　　(式、答え各10点)

式

答え _____

点

# 小数のわり算 まとめ (4)　名前

**1** 商は整数で求め、あまりを出しましょう。　　　　　　　　　(各15点)

① 　　　　　　　　　　② 　　　　　　　　　③

$$2.7\overline{)2\ 3.2}$$ 　　　$$3.6\overline{)2\ 1.8}$$ 　　　$$4.7\overline{)2\ 2}$$

（商　　，あまり　　）（商　　，あまり　　）（商　　，あまり　　）

**2** 商がわられる数より大きくなるものに〇、小さくなるものに×をつけましょう。　　　　　　　　　　　　　　　　　　(各5点)

① （　　　　）　$8 \div 0.5$ 　　　② （　　　　）　$15 \div 1.2$

③ （　　　　）　$4.5 \div 1.5$ 　　④ （　　　　）　$4.2 \div 0.7$

⑤ （　　　　）　$3.2 \div 0.2$ 　　⑥ （　　　　）　$5.9 \div 1.6$

**3** たての長さは、横の長さの0.6倍で、12cm の長方形をかきます。
横の長さは何 cm ですか。　　　　　(式15点、答え10点)

式

答え _____　　　　点

# 整数の性質 (1) 偶数・奇数 　名前

出席番号順に、席に着きました。

① 左側の列の数を、2でわってみましょう。

$2 \div 2 = 1$
$4 \div 2 = 2$
$6 \div 2 = 3$
$8 \div 2 = 4$
$10 \div 2 = 5$
⋮

② 右側の列の数を、2でわってみましょう。

$1 \div 2 = 0 \cdots 1$
$3 \div 2 = 1 \cdots 1$
$5 \div 2 = 2 \cdots 1$
$7 \div 2 = 3 \cdots 1$
$9 \div 2 = 4 \cdots 1$
⋮

> 2でわり切れる整数を、偶数 といいます。
> 2でわり切れない整数を、奇数 といいます。
> 0は偶数とします。

❀ 0～11の数を、偶数と奇数に分けてかきましょう。

偶数 (　　　　　　　　　　　　　　　　　　　　　　　)

奇数 (　　　　　　　　　　　　　　　　　　　　　　　)

# 整数の性質 (2) 偶数・奇数

..........月......日

**1** 次の整数を、偶数と奇数に分けてかきましょう。

17、25、36、43、54、68、79、82、91

① 17 = 10 + 7、25 = 20 + 5、36 = 30 + 6、………、91 = 90 + 1

② 10、20、30、………、80、90 は、2でわるとわり切れます。

③ 一の位の数が奇数かどうかを考えればよいことになります。

偶数 (                                                    )

奇数 (                                                    )


**2** 892、569、450、777 など3けたの数も偶数か奇数かを見わけるには、一の位を見ればわかります。どうしてそういえるかを説明しましょう。



**3** 次の図を見て、□□□に偶数か奇数をかきましょう。

① 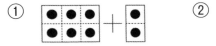        ② 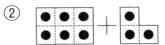        ③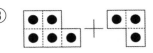

偶数＋偶数＝□        偶数＋奇数＝□        奇数＋奇数＝□

........月.....日

> 2を整数倍（2×1、2×2、2×3、……）してできる数
> （2、4、6、……）を 2の倍数 といいます。倍数のとき、0
> はのぞきます。

**1** 2の倍数に○をつけましょう。

1、2、3、4、5、6、7、8、9、10、

11、12、13、14、15、16、17、18、19、20、

21、22、23、24、25、26、27、28 ……

**2** 3の倍数に○をつけましょう。

1、2、3、4、5、6、7、8、9、10、

11、12、13、14、15、16、17、18、19、20

**3** 次の倍数を小さい方から、3つかきましょう。

① 8の倍数

（　　　　　　　　　　）

② 9の倍数

（　　　　　　　　　　）

③ 10の倍数

（　　　　　　　　　　）

④ 11の倍数

（　　　　　　　　　　）

⑤ 12の倍数

（　　　　　　　　　　）

⑥ 13の倍数

（　　　　　　　　　　）

# 整数の性質 (4) 公倍数　名前

> 2の倍数にも3の倍数にもなっている数を2と3の 公倍数 といいます。

**1** 2の倍数、3の倍数の両方にある数を見つけましょう。

| 2の倍数 | 2、4、6、8、10、12、14、16、18…… |
|---|---|
| 3の倍数 | 3、6、9、12、15、18、21…… |

2と3の公倍数をかきましょう。　　　　　（　　　　　　　　　）

**2** 次の数の公倍数を、下の数から見つけましょう。

① 3と4の公倍数

| 3の倍数 | 3、6、9、12、15、18、21、24、27、30、36…… |
|---|---|
| 4の倍数 | 4、8、12、16、20、24、28、32、36…… |

　　　　　　3と4の公倍数は（　　　　　　　　　　　　）

② 3と6の公倍数

| 3の倍数 | 3、6、9、12、15、18…… |
|---|---|
| 6の倍数 | 6、12、18…… |

　　　　　　　3と6の公倍数は（　　　　　　　　　　）

③ 6と9の公倍数

| 6の倍数 | 6、12、18、24、30、36、42、48、54…… |
|---|---|
| 9の倍数 | 9、18、27、36、45、54…… |

　　　　　　　6と9の公倍数は（　　　　　　　　　　）

名前

月　　日

> 公倍数のうち、一番小さい数を 最小公倍数 といいます。

**1** 次の倍数の中から、最小公倍数を見つけましょう。

① | 2の倍数 | 2、4、6、8、10、12、14、16、18……

　 | 3の倍数 | 3、6、9、12、15、18、21……

　 2と3の最小公倍数は （　　　　　　）

② | 3の倍数 | 3、6、9、12、15、18、21、24、27……

　 | 4の倍数 | 4、8、12、16、20、24、28、32……

　 3と4の最小公倍数は （　　　　　　）

**2** 次の数の公倍数の中から、最小公倍数を見つけましょう。

① 2と4の公倍数

　 4、8、12、16、……

　　　　　 2と4の最小公倍数は （　　　　　　）

② 3と6の公倍数

　 6、12、18、24、……

　　　　　 3と6の最小公倍数は （　　　　　　）

③ 6と8の公倍数

　 24、48、96、……

　　　　　 6と8の最小公倍数は （　　　　　　）

月　　日

## 最小公倍数の求め方1　2つの数をかける型

### 2と3の最小公倍数

$$①→ \quad 1) \overline{2 , 3}$$
$$②→ \qquad 2 \quad 3$$

① 2と3をわれる数を見つけます。

| 1 |

② 2÷1、3÷1の答えを下にかきます。

③ 1×2×3の積（かけ算の答え）が、最小公倍数。

| 6が最小公倍数 |

✿ 最小公倍数を求めましょう。

① 3 , 4 →（　　　）　　② 4 , 5 →（　　　）

③ 5 , 6 →（　　　）　　④ 6 , 7 →（　　　）

⑤ 3 , 5 →（　　　）　　⑥ 8 , 7 →（　　　）

⑦ 9 , 10 →（　　　）　　⑧ 11 , 13 →（　　　）

# 整数の性質 (7) 最小公倍数　名前

## 最小公倍数の求め方2　一方の数字になる型

### 2と4の最小公倍数

①→ 2)2, 4
②→ 　 1 2

① 2と4をわれる数を見つけます。

　　　2

② 2÷2、4÷2の答えを下にかきます。
③ 2×1×2の積が最小公倍数。

　　4が最小公倍数

✿ 最小公倍数を求めましょう。

① 2, 6 →(　　　)　　② 4, 8 →(　　　)

③ 5, 10 →(　　　)　　④ 7, 14 →(　　　)

⑤ 3, 6 →(　　　)　　⑥ 9, 18 →(　　　)

⑦ 12, 36 →(　　　)　　⑧ 21, 42 →(　　　)

# 整数の性質 (8) 最小公倍数　名前

## 最小公倍数の求め方3　その他の型

### 4と6の最小公倍数

$$
\begin{array}{r}
① \to 2)\overline{4,6} \\
② \to \quad 2 \ \ 3
\end{array}
$$

①　4と6をわれる数を見つけます。

　　$\boxed{2}$

②　4÷2、6÷2の答えを下にかきます。

③　2×2×3の積が最小公倍数。

　　$\boxed{12\text{が最小公倍数}}$

✿　最小公倍数を求めましょう。

① 　6, 8 →（　　　）　　② 　6, 9 →（　　　）

③ 　8, 12 →（　　　）　　④ 　21, 9 →（　　　）

⑤ 　12, 15 →（　　　）　　⑥ 　18, 24 →（　　　）

⑦ 　25, 15 →（　　　）　　⑧ 　18, 45 →（　　　）

# 整数の性質 (9) 約数

名前

---

> ある数をわり切ることができる整数を、その数の 約数（やくすう） といいます。

12の約数について考えましょう。

1でわる ──────→ 12÷1＝12  わり切れる
　答えの12でも、わり切れる
　　　　　　　　　12÷12＝1  わり切れる
　　　　　　　　　　　1 と 12 が約数

2でわる ──────→ 12÷2＝6  わり切れる
　　　　　　　　　　　2 と 6 も約数

3でわる ──────→ 12÷3＝4  わり切れる
　　　　　　　　　　　3 と 4 も約数

3の次の整数は4
　わる数はもう "おしまい"。

**12の約数**

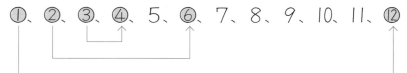

①、②、③、④、5、⑥、7、8、9、10、11、⑫

> 約数を2つずつ見つけていきます。

❀ 約数に○をつけましょう。

① 6の約数　　1、2、3、4、5、6

② 8の約数　　1、2、3、4、5、6、7、8

③ 9の約数　　1、2、3、4、5、6、7、8、9

# 整数の性質 ⑽ 公約数

名前

**1** 8と12の約数について考えましょう。

8の約数　　1、2、4、8

12の約数　　1、2、3、4、6、12

8の約数と12の約数の中で、共通する数をかきましょう。

（　　　，　　　，　　　）

---

1、2、4のように、8と12に共通な約数を8と12の **公約数**
（こうやくすう）といいます。

---

**2** 次の数の公約数を求めましょう。

① 10と15の公約数（　　　，　　　）

　　　10の約数 _____

　　　15の約数 _____

② 12と18の公約数（　　，　　，　　，　　）

　　　12の約数 _____

　　　18の約数 _____

③ 16と24の公約数（　　，　　，　　，　　）

　　　16の約数 _____

　　　24の約数 _____

# 整数の性質 ⑴ 最大公約数　名前

公約数のうち、一番大きい数を **最大公約数（さいだいこうやくすう）** といいます。

**1** 次の2つの数の最大公約数を求めましょう。

① 12と16の最大公約数　（　　　　　）

12と16の公約数　　1、2、4

② 15と12の最大公約数　（　　　　　）

15と12の公約数　　1、3

**2** 最大公約数を計算で求めましょう。

①

⑦　2 ） 18 , 24
⑦　3 ） 9 , 12
　　　　　3　4

⑦　18と24を2でわります。
　　下に答えをかきます。
⑦　3でわります。
　　3と4をわる数は1だけ
　　"おしまい"。

左側の数をかける　2×3 ＝6　最大公約数（　　　　　）

② 20 , 10　　最大公約数（　　　　　）

③ 32 , 40　　最大公約数（　　　　　）

# 整数の性質 ⑿ 最大公約数　名前

🌸　最大公約数を計算で求めましょう。

①　　28, 8　　　　　　　②　　9, 27

（　　　　　）　　　　　（　　　　　）

③　　16, 20　　　　　　④　　9, 36

（　　　　　）　　　　　（　　　　　）

⑤　　14, 49　　　　　　⑥　　18, 24

（　　　　　）　　　　　（　　　　　）

⑦　　30, 20　　　　　　⑧　　21, 28

（　　　　　）　　　　　（　　　　　）

⑨　　45, 25　　　　　　⑩　　22, 33

（　　　　　）　　　　　（　　　　　）

# 整数の性質 まとめ (5) 名前

**1** 次の2つの数の最小公倍数を求めましょう。　　　　　　（各5点）

① 12, 18 （　　　）　　　② 14, 21 （　　　）

③ 5, 7 （　　　）　　　④ 4, 12 （　　　）

⑤ 5, 15 （　　　）　　　⑥ 9, 72 （　　　）

**2** 次の2つの数の最大公約数を求めましょう。　　　　　　（各5点）

① 56, 48 （　　　）　　　② 54, 72 （　　　）

③ 4, 9 （　　　）　　　④ 8, 32 （　　　）

⑤ 15, 25 （　　　）　　　⑥ 6, 18 （　　　）

**3** たて48cm、横60cmの長方形の紙があります。この紙からあまりを出さないで同じ正方形をつくりたいと思います。最大の正方形をつくるときは、1辺何cmにしたらよいですか。　　　　　　（20点）

答え　　　　　　　　　　　

**4** たて8cm、横10cmの長方形のタイルをしきつめて、できるだけ小さく正方形をつくります。正方形の1辺は何cmになりますか。

（20点）

答え　　　　　　　　　　　点

# 整数の性質 まとめ (6)　名前

**1** 最小公倍数を求めましょう。　　　　　　　　　　　（各5点）

① 7, 2 (　　　　)　　　　② 6, 2 (　　　　)

③ 8, 6 (　　　　)　　　　④ 9, 6 (　　　　)

⑤ 3, 4 (　　　　)　　　　⑥ 18, 24 (　　　　)

**2** 最大公約数を求めましょう。　　　　　　　　　　　（各5点）

① 10, 8 (　　　　)　　　　② 10, 3 (　　　　)

③ 9, 12 (　　　　)　　　　④ 3, 15 (　　　　)

⑤ 30, 20 (　　　　)　　　　⑥ 21, 28 (　　　　)

**3** おみやげ屋さんで、おかしの箱を積んでいます。1つは高さが4cm、もう1つは高さ6cmです。2つのおかしの箱の高さが同じになるのは、何cmのときですか。低い方から2つかきましょう。　（20点）

答え＿＿＿＿＿＿＿＿＿＿＿

**4** 駅から電車は15分おきに、バスは20分おきに発車します。午前8時に電車とバスが同時に発車しました。次に同時に発車するのは何時ですか。　　　　　　　　　　　　　　　　　　　（20点）

答え＿＿＿＿＿＿＿＿＿＿　　　　　点

# 合同な図形 (1)

名前

> きちんと重ねあわせることができる2つの図形は、合同 であるといいます。

**1** 合同な図形の組を（　　　）にかきましょう。

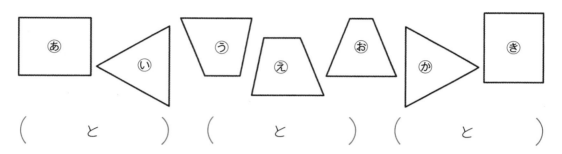

（　　と　　）（　　と　　）（　　と　　）

> 合同な図形を重ねたとき、重なりあうちょう点や辺や角を 対応するちょう点、対応する辺、対応する角 といいます。

**2** 2つの三角形は合同です。

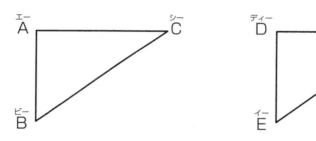

①　対応するちょう点をかきましょう。

（点Aと　　　　）（点Bと　　　　）（点Cと　　　　）

②　対応する辺をかきましょう。

（辺ABと　　　）（辺BCと　　　）（辺CAと　　　）

③　対応する角をかきましょう。

（角Aと　　　　）（角Bと　　　　）（角Cと　　　　）

# 合同な図形 (2)

名前

合同な図形では、対応する辺の長さは等しく、対応する角の大きさも等しくなっています。

**1** 下の四角形は合同です。右の図に辺の長さや角度をかきましょう。

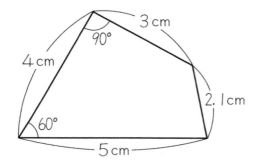
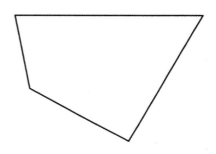

**2** 四角形を１本の対角線で、２つの三角形に分けます。合同な三角形ができるのは、どの形ですか。番号をかきましょう。

(　　　　　　　　)

①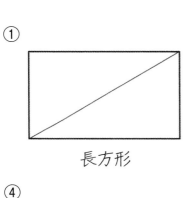

長方形

②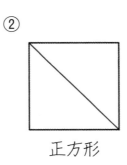

正方形

③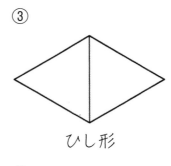

ひし形

④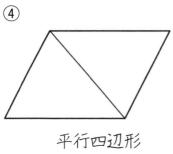

平行四辺形

⑤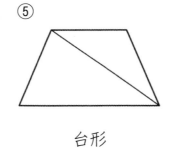

台形

⑥

四角形

# 合同な図形 (3)

決まった大きさの三角形をかくには、3つの方法があります。

**その1**　3つの辺の長さが決まっている。

3つの辺の長さが6cm、4cm、3cmの三角形

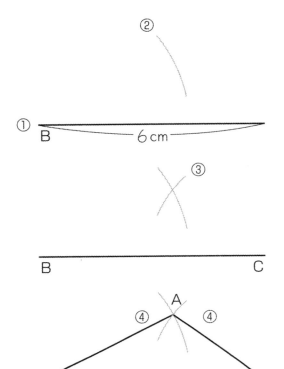

① 6cmの直線(辺)をひきます。

② ちょう点Bからコンパスで、半径4cmの円の部分をかきます。

③ ちょう点Cから、コンパスで半径3cmの円の部分をかきます。

④ ②、③の交わった点をAとして、辺AB、辺ACをかきます。

でき上がり。

※コンパスでかいた線は消さなくてもよい。

🌸 次の三角形をかきましょう。

① 辺の長さが、3cm、4cm、5cm

② 辺の長さが、2cm、3cm、4cm

5cm
　　　　4cm

# 合同な図形 (4)

名前

**その2**　2つの辺の長さと、その間の角の大きさが決まっている。

辺の長さが4cm、5cm。その間の角が50°の三角形

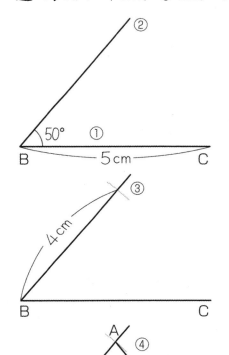

①　5cmの直線（辺）をひきます。

②　ちょう点Bから、分度器で50°を
はかり、線をひきます。

③　ちょう点Bから、コンパスを使っ
て、半径4cmの円の部分を②の線
と交わるようにかきます。

※コンパスのかわりに定規を使ってもよい。

④　ちょう点Aとちょう点Cを結び
ます。

でき上がり。

※長くのびた50°の線やコンパスでかいた線は消
さなくてもよい。

❀　次の三角形をかきましょう。

①　辺の長さが、3cm、4cm、
その間の角が60°。

②　辺の長さが、3cm、5cm、
その間の角が45°。

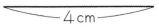

—4cm—

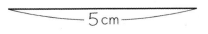

—5cm—

# 合同な図形 (5)

名前

**その3**　１つの辺の長さと、その両はしの角の大きさが決まっている。

辺の長さが４cm、両はしの角度が 45° と 30° の三角形

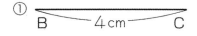

③
Cの30°の印
・

②Bの
・45°の印

① 　４cm の直線（辺）をひきます。

② 　角Ｂが 45° になるように、分度器を使って印をつけます。

③ 　角Ｃが 30° になるように印をつけます。

④ 　Ｂと②でつけた印を直線で結び、Ｃと③でつけた印を直線で結びます。

でき上がり。

※三角形の外までのびている線は消さなくてもよい。

① B ——4cm—— C

A

B　　　　　C

🌸　次の三角形をかきましょう。

① 　辺の長さが５cm、両はしの角度が 50° と 40°。

② 　辺の長さが６cm、両はしの角度が 30° と 60°。

5cm　　　　　　　　6cm

## 合同な図形 (6)

**1** 図は、どれも辺の長さが、4cm、3cm、2cm、3.5cm の四角形です。
合同といえますか。

( )

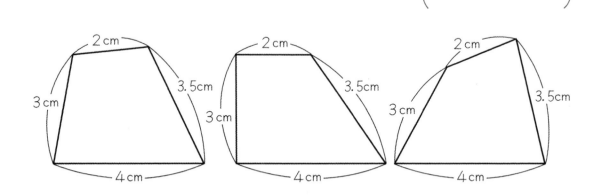

四角形は四つの長さが決まっても形はいろいろできます。

**2** 2つの四角形は、角度は全部同じです。合同といえますか。

( )

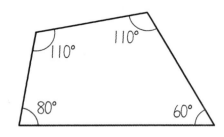 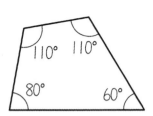

四角形は四つの角度が決まっても形はいろいろできます。

1　次の四角形を右にかきましょう。

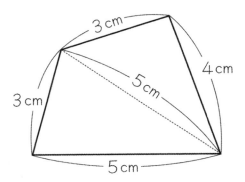

2　次の四角形を右にかきましょう。

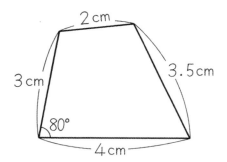

3　次の四角形を右にかきましょう。

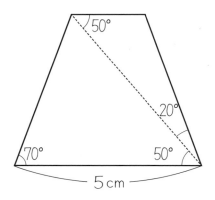

**1** 辺 AB が 4 cm、辺 BC が 6 cm、辺 CD が 5 cm、辺 DA が 3 cm、対角線 AC が 5 cm の四角形をかきましょう。

B ●————————● C

**2** 辺 AB が 3 cm、辺 BC が 5 cm、辺 CD が 4 cm、辺 DA が 3 cm、角 B が 70°の四角形をかきましょう。

B ●————————● C

## 合同な図形 まとめ (7)

名前

月　　日

**1** 合同な図形の組を（　）にかきしょう。　　　　（1組10点）

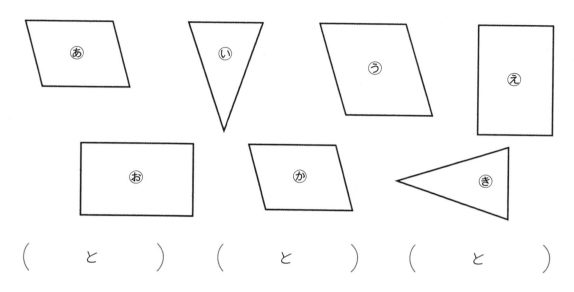

（　　と　　）（　　と　　）（　　と　　）

**2** 2つの四角形は合同です。長さ・角度を求めましょう。

（各10点）

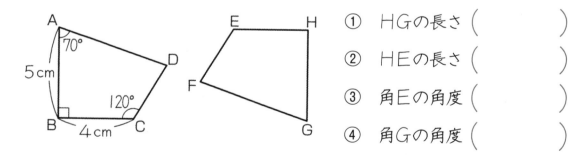

①　HGの長さ（　　　　　）

②　HEの長さ（　　　　　）

③　角Eの角度（　　　　　）

④　角Gの角度（　　　　　）

**3** 次の四角形を実際(じっさい)の長さでかきましょう。　　（30点）

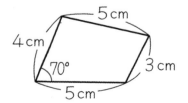

点

— 48 —

**1** 次の三角形をかきしょう。 　　　　　　　　　　　　（各20点）

① 辺の長さが3cm　　　　　　② 辺の長さが5cmと
　4cm、5cm　　　　　　　　　　5cmでその間の角が30°

_____　　　　_____

**2** 2つの三角形あといは合同です。 　　　　　　　（各10点）

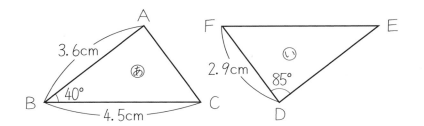

① 点Aに対応する三角形いの点はどこですか。（　　　　）

② 点Fに対応する三角形あの点はどこですか。（　　　　）

③ 辺DEの長さは何cmですか。 　　　　　　（　　　　）

④ 辺ACの長さは何cmですか。 　　　　　　（　　　　）

⑤ 角Eの大きさは何度ですか。 　　　　　　（　　　　）

⑥ 角Aの大きさは何度ですか。 　　　（　　　　）

点

# 分　数 (1) 通分　名前

分数の分母をそろえることを 通分 するといいます。

❀　次の分数を通分しましょう。

たがいの分母をかける型

① $\dfrac{1}{2}$ と $\dfrac{1}{3}$　　　　$\dfrac{1\times3}{2\times3}=\dfrac{3}{6}$　と　$\dfrac{1\times2}{3\times2}=\dfrac{2}{6}$

② $\dfrac{1}{4}$ と $\dfrac{1}{3}$

③ $\dfrac{3}{4}$ と $\dfrac{4}{7}$

④ $\dfrac{2}{3}$ と $\dfrac{3}{5}$

⑤ $\dfrac{5}{6}$ と $\dfrac{2}{5}$

⑥ $\dfrac{3}{4}$ と $\dfrac{4}{5}$

⑦ $\dfrac{1}{2}$ と $\dfrac{2}{5}$

⑧ $\dfrac{2}{3}$ と $\dfrac{5}{7}$

# 分　数 (2) 通分　名前

✿　次の分数を通分しましょう。

一方の分母を整数倍する型

① $\dfrac{1}{2}$ と $\dfrac{3}{4}$ 　　$\dfrac{1 \times 2}{2 \times 2} = \dfrac{2}{4}$ と $\dfrac{3}{4}$

② $\dfrac{1}{2}$ と $\dfrac{5}{6}$

③ $\dfrac{3}{4}$ と $\dfrac{3}{8}$

④ $\dfrac{2}{3}$ と $\dfrac{5}{9}$

⑤ $\dfrac{1}{4}$ と $\dfrac{5}{12}$

⑥ $\dfrac{9}{10}$ と $\dfrac{4}{5}$

⑦ $\dfrac{10}{21}$ と $\dfrac{3}{7}$

⑧ $\dfrac{13}{18}$ と $\dfrac{5}{6}$

# 分　数 (3) 通分

名前

✿　次の分数を通分しましょう。

## 分母に公約数がある型

① 
$$3)\overline{\begin{array}{cc}\dfrac{1}{6} & と & \dfrac{1}{9}\end{array}} \\ \phantom{3)}2 \quad\quad 3$$

分母を公約数３でわる。商２、商３を、それぞれ他方の分数にかける。

$$\dfrac{1\times3}{6\times3}=\dfrac{3}{18} \quad と \quad \dfrac{1\times2}{9\times2}=\dfrac{2}{18}$$

② $\dfrac{1}{4}$ と $\dfrac{1}{6}$

③ $\dfrac{2}{9}$ と $\dfrac{1}{6}$

④ $\dfrac{1}{10}$ と $\dfrac{1}{15}$

⑤ $\dfrac{1}{8}$ と $\dfrac{1}{6}$

⑥ $\dfrac{3}{8}$ と $\dfrac{5}{12}$

⑦ $\dfrac{4}{21}$ と $\dfrac{3}{14}$

⑧ $\dfrac{5}{12}$ と $\dfrac{7}{15}$

# 分　数 (4) 約分

名前

> 約分　とは、分数の分母と分子を同じ数でわり、小さな数の分母と分子にすることです。

❀　約分しましょう。

① $\dfrac{2}{4} = \dfrac{1}{2}$　　　② $\dfrac{12}{14} =$　　　③ $\dfrac{8}{18} =$

④ $\dfrac{2}{6} =$　　　⑤ $\dfrac{8}{10} =$　　　⑥ $\dfrac{2}{8} =$

⑦ $\dfrac{3}{9} =$　　　⑧ $\dfrac{3}{15} =$　　　⑨ $\dfrac{9}{15} =$

⑩ $\dfrac{6}{9} =$　　　⑪ $\dfrac{12}{15} =$　　　⑫ $\dfrac{9}{12} =$

⑬ $\dfrac{5}{10} =$　　　⑭ $\dfrac{15}{25} =$　　　⑮ $\dfrac{5}{45} =$

⑯ $\dfrac{10}{15} =$　　　⑰ $\dfrac{10}{35} =$　　　⑱ $\dfrac{20}{45} =$

⑲ $\dfrac{7}{35} =$　　　⑳ $\dfrac{21}{35} =$　　　㉑ $\dfrac{7}{49} =$

㉒ $\dfrac{7}{28} =$　　　㉓ $\dfrac{14}{21} =$　　　㉔ $\dfrac{42}{49} =$

# 分数のたし算・ひき算 (1) 名前

………月……日

✿ 次の計算をしましょう。

① $\dfrac{1}{2}+\dfrac{2}{7}=$

② $\dfrac{3}{4}+\dfrac{1}{7}=$

③ $\dfrac{1}{3}+\dfrac{1}{4}=$

④ $\dfrac{2}{5}+\dfrac{1}{3}=$

⑤ $\dfrac{2}{3}+\dfrac{2}{7}=$

⑥ $\dfrac{1}{6}+\dfrac{1}{5}=$

⑦ $\dfrac{1}{9}+\dfrac{3}{5}=$

⑧ $\dfrac{1}{7}+\dfrac{1}{2}=$

⑨ $\dfrac{4}{9}+\dfrac{1}{8}=$

⑩ $\dfrac{5}{11}+\dfrac{2}{7}=$

# 分数のたし算・ひき算 ⑵ 名前

✿　次の計算をしましょう。

①　$\dfrac{1}{7} + \dfrac{1}{14} =$　　　　　　②　$\dfrac{3}{4} + \dfrac{1}{16} =$

③　$\dfrac{2}{3} + \dfrac{1}{9} =$　　　　　　④　$\dfrac{2}{3} + \dfrac{4}{15} =$

⑤　$\dfrac{2}{5} + \dfrac{3}{10} =$　　　　　　⑥　$\dfrac{4}{5} + \dfrac{1}{15} =$

⑦　$\dfrac{2}{9} + \dfrac{1}{18} =$　　　　　　⑧　$\dfrac{5}{12} + \dfrac{1}{6} =$

⑨　$\dfrac{7}{32} + \dfrac{1}{8} =$　　　　　　⑩　$\dfrac{2}{7} + \dfrac{8}{35} =$

# 分数のたし算・ひき算 (3)  名前

❀  次の計算をしましょう。

① $\dfrac{1}{8}+\dfrac{1}{10}=$

② $\dfrac{5}{8}+\dfrac{1}{6}=$

③ $\dfrac{3}{4}+\dfrac{1}{10}=$

④ $\dfrac{5}{9}+\dfrac{1}{6}=$

⑤ $\dfrac{1}{8}+\dfrac{1}{12}=$

⑥ $\dfrac{4}{15}+\dfrac{1}{6}=$

⑦ $\dfrac{7}{10}+\dfrac{1}{4}=$

⑧ $\dfrac{7}{12}+\dfrac{2}{9}=$

⑨ $\dfrac{2}{15}+\dfrac{7}{20}=$

⑩ $\dfrac{5}{18}+\dfrac{5}{24}=$

# 分数のたし算・ひき算 (4)

❀　次の計算をしましょう。

① $\dfrac{1}{6} - \dfrac{1}{7} =$

② $\dfrac{1}{3} - \dfrac{1}{8} =$

③ $\dfrac{2}{7} - \dfrac{1}{5} =$

④ $\dfrac{1}{2} - \dfrac{4}{9} =$

⑤ $\dfrac{2}{5} - \dfrac{1}{3} =$

⑥ $\dfrac{1}{3} - \dfrac{2}{7} =$

⑦ $\dfrac{3}{4} - \dfrac{1}{3} =$

⑧ $\dfrac{1}{4} - \dfrac{1}{9} =$

⑨ $\dfrac{7}{9} - \dfrac{3}{8} =$

⑩ $\dfrac{9}{10} - \dfrac{5}{7} =$

月　　日

❀　次の計算をしましょう。

① $\dfrac{1}{5} - \dfrac{1}{15} =$

② $\dfrac{2}{3} - \dfrac{5}{9} =$

③ $\dfrac{5}{6} - \dfrac{5}{12} =$

④ $\dfrac{1}{4} - \dfrac{1}{16} =$

⑤ $\dfrac{1}{7} - \dfrac{1}{21} =$

⑥ $\dfrac{2}{5} - \dfrac{3}{10} =$

⑦ $\dfrac{1}{8} - \dfrac{1}{32} =$

⑧ $\dfrac{2}{7} - \dfrac{3}{14} =$

⑨ $\dfrac{8}{9} - \dfrac{5}{27} =$

⑩ $\dfrac{35}{48} - \dfrac{7}{12} =$

名前

月　　　日

❀　次の計算をしましょう。

① $\dfrac{1}{4} - \dfrac{1}{6} =$

② $\dfrac{5}{12} - \dfrac{1}{8} =$

③ $\dfrac{5}{6} - \dfrac{3}{8} =$

④ $\dfrac{7}{12} - \dfrac{2}{9} =$

⑤ $\dfrac{2}{9} - \dfrac{1}{6} =$

⑥ $\dfrac{1}{8} - \dfrac{1}{10} =$

⑦ $\dfrac{3}{10} - \dfrac{1}{4} =$

⑧ $\dfrac{3}{4} - \dfrac{1}{6} =$

⑨ $\dfrac{7}{24} - \dfrac{3}{16} =$

⑩ $\dfrac{13}{18} - \dfrac{16}{27} =$

# 分数のたし算・ひき算 (7)　名前

✿　次の計算をしましょう。答えは真分数か帯分数にしましょう。

① $\dfrac{2}{5} + \dfrac{3}{4} =$

② $\dfrac{1}{2} + \dfrac{2}{3} =$

③ $2\dfrac{2}{3} + 1\dfrac{3}{4} =$

④ $1\dfrac{5}{6} + 3\dfrac{1}{3} =$

⑤ $1\dfrac{2}{5} - \dfrac{7}{9} =$

⑥ $1\dfrac{1}{6} - \dfrac{5}{8} =$

⑦ $2\dfrac{1}{2} - 1\dfrac{6}{7} =$

⑧ $2\dfrac{1}{4} - 1\dfrac{5}{7} =$

# 分数のたし算・ひき算 (8) 名前

**1** 次の計算をしましょう。答えは、約分しましょう。

① $\dfrac{1}{3} + \dfrac{1}{15} =$　　　　② $\dfrac{1}{6} + \dfrac{1}{14} =$

③ $\dfrac{5}{12} - \dfrac{1}{6} =$　　　　④ $\dfrac{5}{6} - \dfrac{3}{10} =$

**2** 次の計算をしましょう。

① $\dfrac{3}{4} + \dfrac{1}{6} - \dfrac{1}{2} =$

② $2\dfrac{2}{15} - 1\dfrac{2}{5} + \dfrac{3}{10} =$

③ $\dfrac{7}{12} + \dfrac{5}{8} - 1\dfrac{1}{6} =$

月　　日

✿　次の計算をしましょう。　　　　　　　　　　　　　（各10点）

① $\dfrac{3}{8} + \dfrac{1}{3} =$

② $\dfrac{4}{9} - \dfrac{1}{4} =$

③ $\dfrac{1}{3} + \dfrac{5}{18} =$

④ $\dfrac{3}{5} - \dfrac{3}{10} =$

⑤ $\dfrac{3}{10} + \dfrac{1}{4} =$

⑥ $\dfrac{5}{12} - \dfrac{1}{8} =$

⑦ $\dfrac{4}{5} + \dfrac{1}{2} =$

⑧ $1\dfrac{1}{4} - \dfrac{1}{2} =$

⑨ $\dfrac{5}{6} + \dfrac{1}{10} =$

⑩ $\dfrac{3}{4} - \dfrac{1}{12} =$

点

# 分数のたし算・ひき算 まとめ (10) 名前

**1** 次の計算をしましょう。　　　　　　　　　　　　　　　（各 10 点）

① $\dfrac{3}{4} + \dfrac{1}{10} =$ 　　　　　② $\dfrac{1}{6} + \dfrac{8}{21} =$

③ $\dfrac{2}{15} + \dfrac{5}{12} =$ 　　　　　④ $\dfrac{3}{10} + \dfrac{1}{6} =$

⑤ $\dfrac{3}{8} - \dfrac{3}{10} =$ 　　　　　⑥ $\dfrac{1}{9} - \dfrac{1}{15} =$

⑦ $\dfrac{13}{15} - \dfrac{1}{6} =$ 　　　　　⑧ $\dfrac{5}{6} - \dfrac{3}{10} =$

**2** 兄は午前中 $\dfrac{5}{6}$ 時間、午後 $\dfrac{8}{9}$ 時間ジョギングをしました。あわせて何時間ジョギングしましたか。　　　　　　　　　　　（20 点）

式

答え _____　　　　　　　　点

名前

❀  底辺が 6 cm、高さが 5 cm の平行四辺形の面積について、調べましょう。

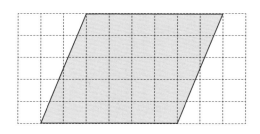

｜マス｜cmと
しますよ。

①  左の三角形の部分を右へ移すと、長方形ができます。

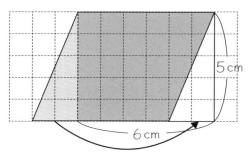

式

答え _____

②  平行四辺形の上の辺に対し、直角に切り、右へずらすと、長方形ができます。

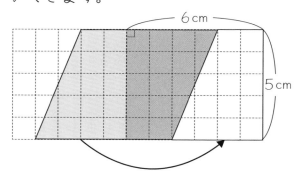

式

答え _____

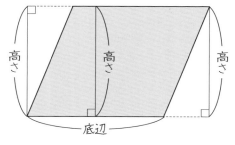

平行四辺形の面積の公式
平行四辺形の面積＝底辺×高さ

# 図形の面積 (2)

名前

❀　平行四辺形の面積を、公式を使って求めましょう。

①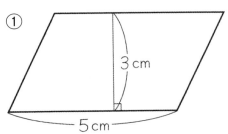

式

答え _____

②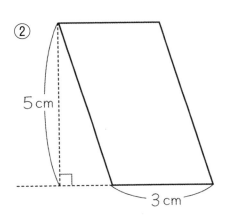

式

答え _____

③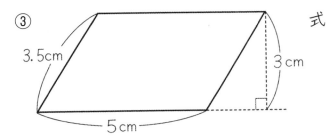

式

答え _____

④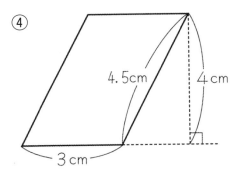

式

答え _____

# 図形の面積 (3)

名前

❁　底辺が8cm、高さが5cmの三角形の面積について、調べましょう。

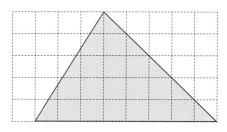

｜マス｜cmとしますよ。

① 高さの線で切って、それぞれの三角形をさかさまにくっつけます。

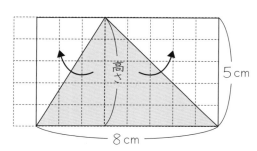

長方形ができます。長方形の面積を計算し、2でわると三角形の面積になります。

式

答え _____

② 同じ形の三角形を回して、平行四辺形を作ります。平行四辺形の面積を計算し、2でわると三角形の面積になります。

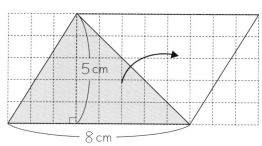

式

答え _____

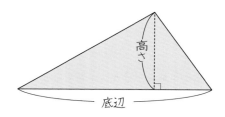

三角形の面積の公式
三角形の面積＝底辺×高さ÷2

# 図形の面積 (4)

名前

**1** アを三角形の底辺とすると、高さはどれですか。
　　記号を○でかこみましょう。

① 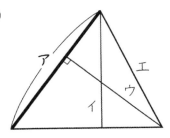　　②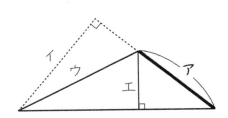

**2** アを三角形の高さとすると、底辺はどれですか。
　　記号を○でかこみましょう。

① 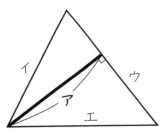　　②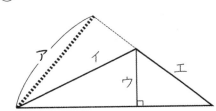

**3** 三角形の面積を求めましょう。

① 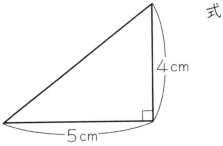　　式

答え _____

② 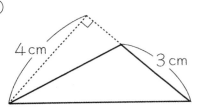　　式

答え _____

# 図形の面積 (5)

名前

**1** 色をぬった部分の面積を求めましょう。

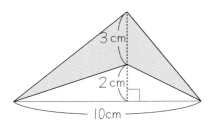

式

答え _____

**2** 平行な2本の直線の間にある三角形について調べましょう。

① 下のA、B、Cの3つの三角形は面積が同じです。どうして同じといえるか説明しましょう。

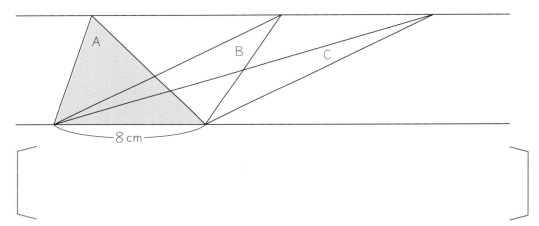

[　　　　　　　　　　　　　　　　　　　　　　　　　]

② 次の色をぬった部分AとBは、同じ面積です。どうしてそうなるか説明しましょう。

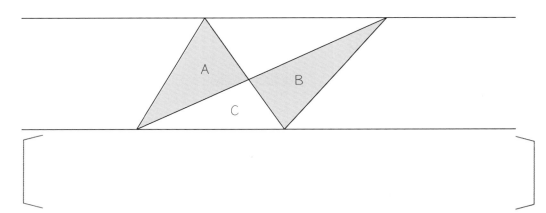

[　　　　　　　　　　　　　　　　　　　　　　　　　]

# 図形の面積 (6)

名前

**1** 台形の面積の求め方を考えましょう。

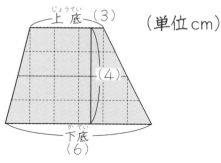

（単位 cm）

|マス|cm
だよね。

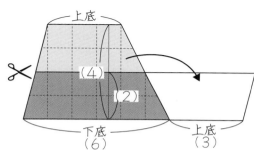

① 台形を半分に切って下に移し、平行四辺形をつくりました。

式

答え _____

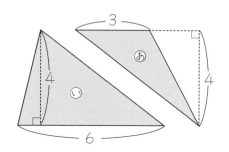

② 台形をななめに切って、三角形を2つつくりました。

式

答え _____

┌─────────────────────────────┐
│ 台形の面積＝（上底＋下底）×高さ÷2 │
└─────────────────────────────┘

**2** 台形の面積を求めましょう。（単位 cm）

式

答え _____

# 図形の面積 (7)

名前

**1** ひし形の面積の求め方を考えましょう。

（単位 cm）

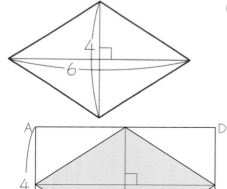

四角形ＡＢＣＤは長方形です。
ひし形の面積はその半分です。
式

答え _____

---

ひし形の面積＝対角線×対角線÷2

---

**2** ひし形の面積を求めましょう。（単位 cm）

①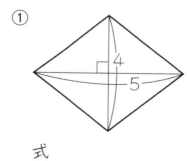

式

答え _____

②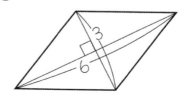

式

答え _____

**3** 次の形の面積を求めましょう。（単位 cm）

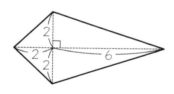

式

答え _____

# 図形の面積 (8)

名前

**1** 次の図で、□にあてはまる数を求めましょう。

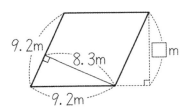

答え _____

**2** ▨▨▨ の部分の面積を求めましょう。

①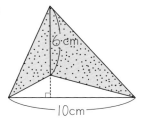

式

答え _____

②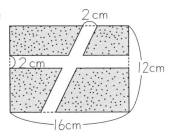

式

答え _____

③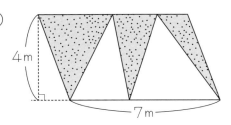

式

答え _____

④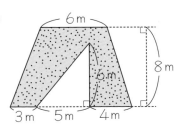

式

答え _____

✿ 次の図形の面積を求めましょう。　　　　　　（各20点）

①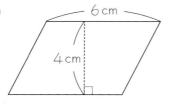

式

答え _____

②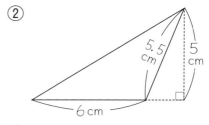

式

答え _____

③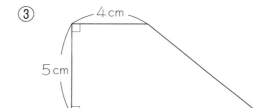

式

答え _____

④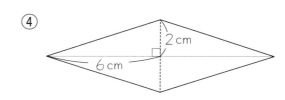

式

答え _____

⑤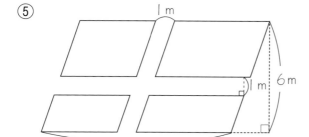

式

答え _____

 点

月　　日

次の図形の面積を求めましょう。　　　　　（各20点）

①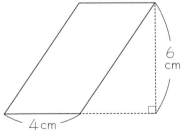

6cm

4cm

式

答え

②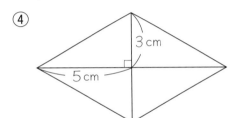

6cm

10cm

8cm

式

答え

③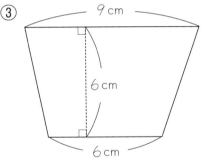

9cm

6cm

6cm

式

答え

④

3cm

5cm

式

答え

⑤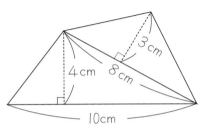

4cm　8cm　3cm

10cm

式

答え

点

# 多角形と円周 (1)

名前

月　　日

**1** 図形の名前を（　　）にかきましょう。

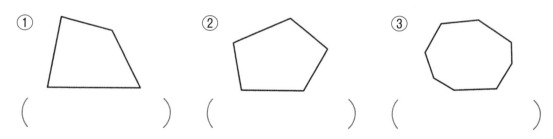

① （　　　　　　　）　② （　　　　　　　）　③ （　　　　　　　）

**2** 次の図形の角の大きさや辺の長さを調べましょう。

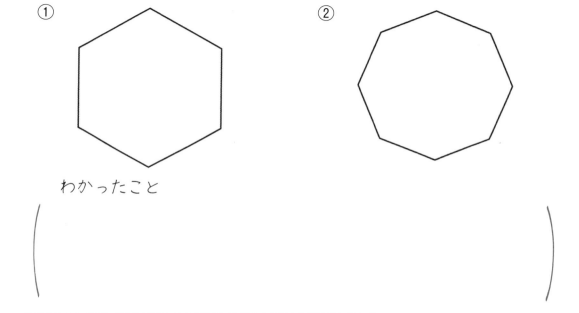

わかったこと

（　　　　　　　　　　　　　　　　　　　　　　　　　　）

> 辺の長さが等しく、角の大きさもみんな等しい多角形を、**正多角形** といいます。

**3** 図形の名前を（　　）にかきましょう。

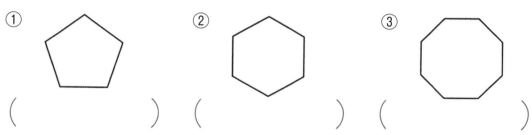

① （　　　　　　　）　② （　　　　　　　）　③ （　　　　　　　）

# 多角形と円周 (2)

名前

**1** 円の中に正六角形をかきました。正六角形について調べましょう。

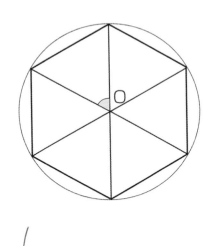

① 円の中心にある6つの角度をはかり、わかったことをかきましょう。

（　　　　　　　　　　　　　　）

② 円の半径と六角形の辺の長さをくらべて、わかったことをかきましょう。

（

　　　　　　　　　　　　　　　　　　　　）

> 正多角形は、円の中心の角を等分する線と、円周が交わった点を直線で結ぶとかけます。

**2** 下の円に、正多角形をかきましょう。また、中心の角度を（　　）にかきましょう。

① 正三角形

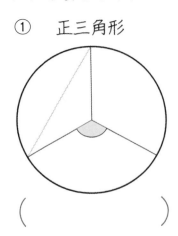

（　　　　　　　　）

② 正八角形

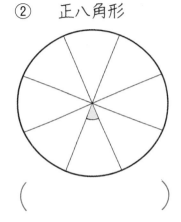

（　　　　　　　　）

③ 正九角形

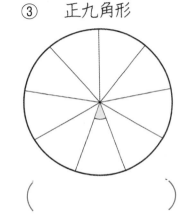

（　　　　　　　　）

月　　日

**1** 　正六角形は、円周を、半径の長さに開いたコンパスで区切って、その点を順に結ぶとできます。

　　半径3cmの円をかいて、その中に正六角形をかきましょう。

**2** 　下の図は、正五角形です。

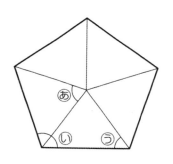

① 　あ、い、うの角度をかきましょう。

あ（　　　　　　　）　い（　　　　　　　）

う（　　　　　　　）

② 　5つの三角形の名前をかきましょう。

（　　　　　　　　　　　　　　　）

**3** 　半径3cmの円をかいて、その中に、正八角形をかきましょう。

# 多角形と円周 (4)

名前

> 円の周りを 円周（えんしゅう）といいます。円周のように、曲がった線
> （じょうぎをあててもぴったりしない）を 曲線 といいます。

❀ 下の図を見て、□に整数を入れましょう。

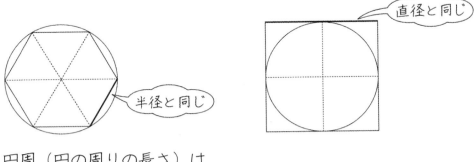

円周（円の周りの長さ）は

直径の □ 倍より長く、直径の □ 倍より短いです。

直径3cmの円を1回転させて、周りが何cmあるかはかりました。

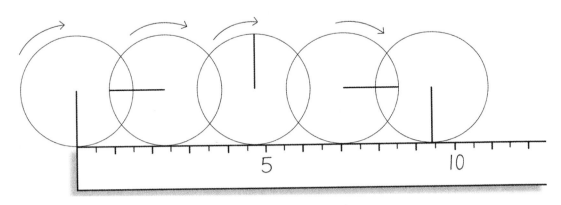

だいたい、9cm4mmでした。

> 円周÷直径は、どの円でも同じになります。
> ## 円周÷直径＝円周率（えんしゅうりつ）

# 多角形と円周 (5)

名前

> **円周率は、ふつう3.14を使います。**
> 円周÷直径＝3.14
> **円周＝直径×円周率**

**1** 円周の長さを求めましょう。

①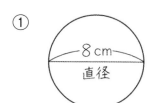

式

答え _____

② 

式

答え _____

**2** 円周の長さを求めましょう。

①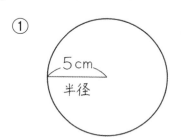

式

答え _____

② 

式

答え _____

# 多角形と円周 (6)  名前

$$直径＝円周÷円周率$$

**1** 直径の長さは、何 cm ですか。四捨五入して $\frac{1}{10}$ の位までのがい数で求めましょう。

① 円周 30cm の円

式

答え _____

② 円周 10cm の円

式

答え _____

**2** 半径の長さは何 cm ですか。四捨五入して $\frac{1}{10}$ の位までのがい数で求めましょう。

① 円周 12cm の円

式

答え _____

② 円周 18cm の円

式

答え _____

# 多角形と円周 (7)

名前

**1** 下の図は、運動場にかいたトラックです。トラック１周の長さは何 m ですか。（両はしは半円です。）

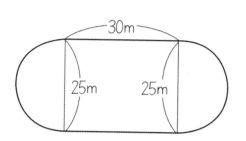

式

答え _____

**2** 木の幹(みき)の周りの長さをはかると、約3.6m ありました。この木の直径は、約何 m ですか。四捨五入(ししゃごにゅう)して、$\frac{1}{10}$ の位までのがい数で求めましょう。

式

答え _____

**3** 周囲(しゅうい)の長さを求めましょう。

①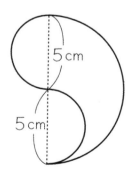

式

答え _____

②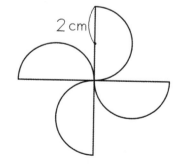

式

答え _____

# 多角形と円周 (8)

名前

月　　日

**1** 半径を2倍にすると、円周は何倍になりますか。

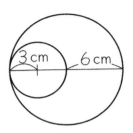

答え _____

**2** 周囲の長さを求めましょう。

①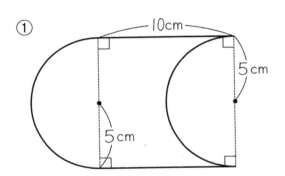

式

答え _____

②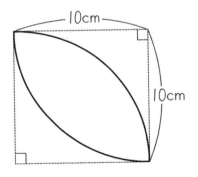

式

答え _____

③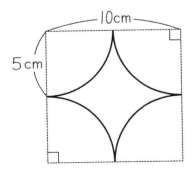

式

答え _____

名前

**1** 次の正多角形をかきましょう。　　　　　　　　　　（各20点）

① １辺の長さが２cmの
　正六角形

② 対角線の長さが４cmの
　正八角形

**2** 周囲の長さを求めましょう。　　　　　（式、答え各10点）

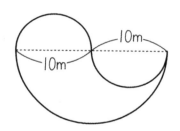

式

答え＿＿＿＿＿＿＿＿＿＿＿

**3** 車輪の直径が60cmの一輪車で運動場を走りました。車輪は50回転しました。何m走りましたか。　　　　（式、答え各10点）
　式

答え＿＿＿＿＿＿＿＿＿＿＿

**4** 公園の円形のふん水池は周囲の長さが47.1mあります。直径は何mですか。　　　　（式、答え各10点）
　式

答え＿＿＿＿＿＿＿＿＿

点

# 多角形と円周 まとめ ⑭　名前

**1** 次の円周の長さを求めましょう。　　　　　（式、答え各10点）

①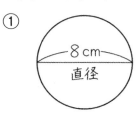

式

答え _____

②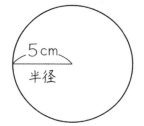

式

答え _____

**2** 周りの長さを求めましょう。　　　　　（式、答え各10点）

①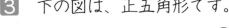

8cm

8cm

式

答え _____

②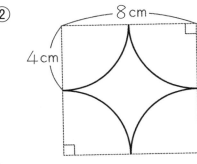

8cm

4cm

式

答え _____

**3** 下の図は、正五角形です。　　　　　（（ ）1つ5点）

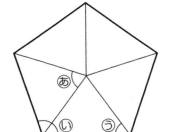

① あ、い、うの角度をかきましょう。

あ（　　　　　）　　　い（　　　　　　）

う（　　　　　）

② 5つの三角形の名前をかきましょう。

（　　　　　　　　　　　　）

 点

# 角柱と円柱 (1)  名前

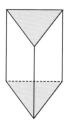 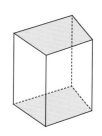 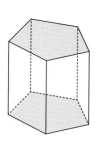 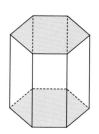

> 　上のような立体を **角柱** といいます。
> 　形も大きさも同じで、平行な2つの面を **底面** といいます。周りの長方形の面は **側面** といいます。

**1** 　角柱は、底面の形によって名前をつけます。直方体や立方体は、四角柱と考えることができます。

　それぞれの角柱の名前を、（　）にかきましょう。

① 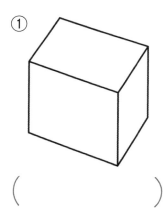　　② 　　③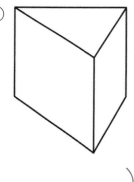

（　　　　　　　）（　　　　　　　）（　　　　　　　）

**2** 　次の（　）の中にあてはまる言葉をかきましょう。

　角柱で上下の向かい合った合同な2つの面を (① 　　　　　　　　)

といいます。それ以外の面は (② 　　　　　　　　)といい、形は正方形

や長方形です。

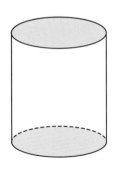 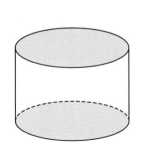 

> 上のような立体を 円柱（えんちゅう）といいます。
> 円柱の側面は、平面でなく 曲面（きょくめん）になっています。

✿　下の表にあてはまる数や言葉をかき、表を完成させましょう。

⑦ 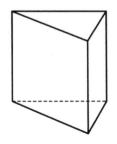　　　⑦ 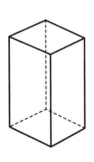　　　⑦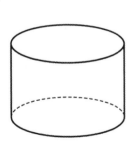

| | ⑦ | ⑦ | ⑦ |
|---|---|---|---|
| 立体の名前 | | | |
| ちょう点の数 | | | |
| 辺　の　数 | | | |
| 側面の数 | | | |
| 底面の形 | | | |

# 角柱と円柱 (3)

名前

　見ただけで立体のおよその形がわかる図を　見取図　といいます。右の図は、三角柱の見取図です。かくれて見えない線は、点線でかきます。

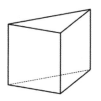

✿　下の方眼を利用して、四角柱と円柱の見取図をかきましょう。大きさは自由です。

# 角柱と円柱 (4)

名前

　右の図のように、立体を辺にそって切り開いて平面上にかいた図を **展開図** といいます。角柱の展開図では、側面はまとめて１つの長方形にかくことができます。このとき、長方形のたての長さは角柱の高さ、横の長さは底面のまわりの長さになります。

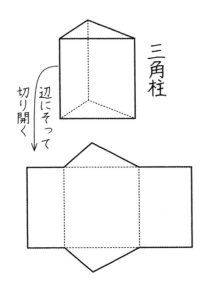

三角柱

辺にそって切り開く

✿　三角柱の展開図をかきましょう。

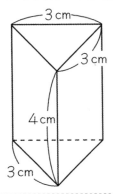

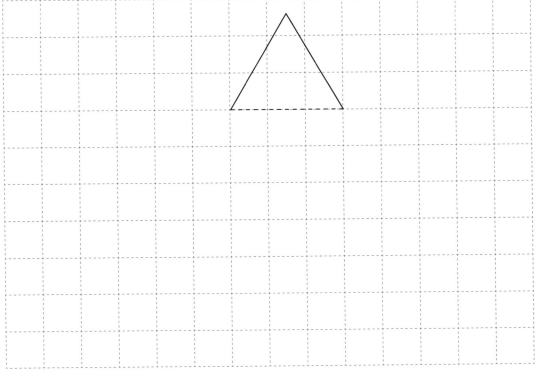

# 角柱と円柱 (5)

❀ 四角柱の展開図をかきましょう。

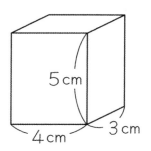

月　　　日

# 角柱と円柱 (6)　名前

❀　円柱の展開図をかきましょう。（円周率は 3.14）

- 底面の直径が 4 cm
- 高さ 5 cm
- ※　小数第二位を四捨五入

# 角柱と円柱 まとめ ⑮   名前

**1** 次の立体の名前をかきましょう。　　　　　　　　(各 10 点)

① 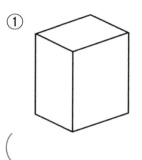　②　③

( 　　　　　 )　( 　　　　　 )　( 　　　　　 )

**2** 次の文にあてはまる柱体の名前をかきましょう。　(各 10 点)

①　2つの円形の平面と１つの曲面でできている。

( 　　　　　 )

②　7つの平面でできている。　　( 　　　　　 )

**3** 次の方眼の１目もりは１cm です。右の図の
三角柱の展開図をかきましょう。　　(50 点)

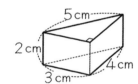

点

# 角柱と円柱 まとめ ⑯

名前

**1** 次の立体の名前をかきましょう。　　　　　　　　　　　　　（各10点）

① 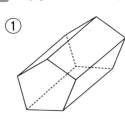　　② 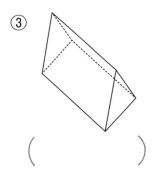　　③

（　　　　　　　）　　（　　　　　　　）　　（　　　　　　　）

**2** 次の（　）にあてはまる言葉をかきましょう。　　　　　　（各5点）

角柱の上下の向かいあった2つの面を（①　　　　　　　）といい、

大きさも形も（②　　　　　　　）です。それ以外の面は（③　　　　　　　）

といい、形はすべて（④　　　　　　　）や正方形です。

**3** 底面が直径3cm、高さ1cmの円柱の展開図をかきましょう。
　　※小数第二位を四捨五入　　　　　　　　　　　　　　　　（50点）

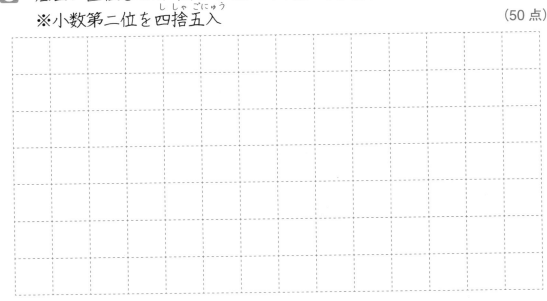

点

# 体　積 (1)

名前

もののかさのことを 体積 といいます。

体積は、１辺が１cm の立方体がいくつ分あるかで表すことができます。

> １辺が１cm の立方体の体積を
> １cm³（１立方センチメートル）
> といいます。cm³ は体積の単位です。

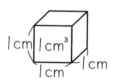

**１** 図を見ながら直方体の体積について考えましょう。

①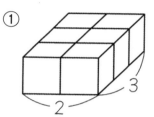

１cm³ の立方体がいくつありますか。

答え _____

②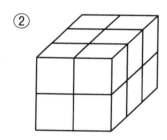

２だんに積むと、１cm³ の立方体はいくつありますか。また、この直方体の体積は、何 cm³ ですか。

答え _____

> 直方体の体積＝たて×横×高さ

**２** 立体の体積を求めましょう。

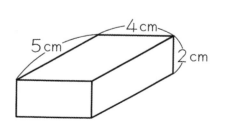

式

答え _____

# 体　積 ⑵

名前

月 日

1 　次の立体の体積を求めましょう。

①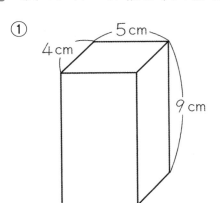

式

答え ＿＿＿＿＿＿＿＿＿

②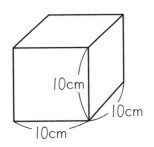

式

答え ＿＿＿＿＿＿＿＿＿

> 立方体の体積＝１辺×１辺×１辺

2 　立方体の体積を求めましょう。

①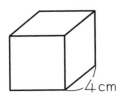

式

答え ＿＿＿＿＿＿＿＿＿

② 　１辺が８cm の立方体の体積

式

答え ＿＿＿＿＿＿＿＿＿

# 体　積 (3)

名前

❋　下の立体の体積を求める方法を調べましょう。

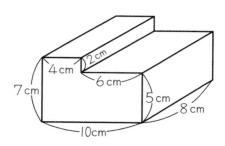

方法１　２つに分けてから、求めます。

①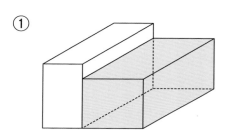

式

②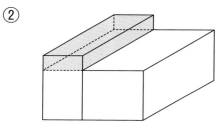

式

答え _____

答え _____

方法２　直方体から欠けている部分の体積をひいて求めます。

式

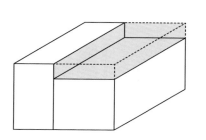

答え _____

# 体　積 ⑷

名前

❀　次の立体の体積を求めましょう。

①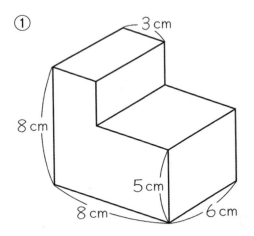

式

答え _____

②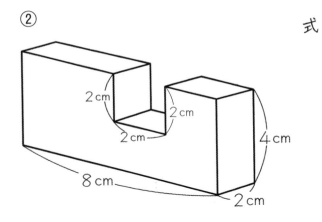

式

答え _____

③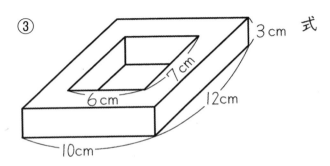

式

答え _____

# 体　積 (5)

名前

> | 辺が | m の立方体の体積は
> | m³（| 立方メートル）です。
> m³ は、体積の単位です。

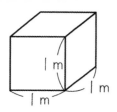

**1** たて 4m、横 5m、高さ 2m の直方体の体積を求めましょう。

式

答え _____

**2** | m³ について、調べましょう。

① 何 cm³ になりますか。

| m³ = 　　　　　　　 cm³

② 何 mL ですか。

| m³ = 　　　　　　　 mL

③ 何 L ですか。

| m³ = 　　　　　　　 L

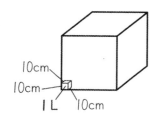

10cm
10cm
| L　10cm

**3** 次の立体の体積は、何 m³ ですか。またそれは何 L ですか。

式

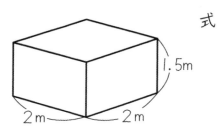

1.5m
2m　　2m

答え _____

# 体　積 (6)

名前

　入れ物（容器）に水などを入れるとき、その入れ物の内側の長さで中に入る量（容積）を計算します。

　右のようなますで、容器の厚みが 1cm なら、容器の内側の長さは、

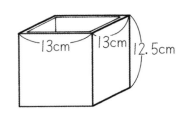

たて・横　12cm − 2cm = 10cm
高さ（深さ）7cm − 1cm = 6cm
中に入る量は 10 × 10 × 6 = 600、600cm³ です。

**1**　厚さ 0.5cm の板で右の図のようなますをつくりました。2L のペットボトルのお茶を全部入れようとしたら入りませんでした。入らなかったのは何 mL ですか。

式

答え _____

**2** 　内側がたて 30cm、横 20cm の水そうに水が入っています。そこに石を入れると水面が、2cm 上がりました。石の体積は何 cm³ ですか。

式

答え _____

✿　次の立体の体積を求めましょう。　（①、②各20点、③、④各30点）

①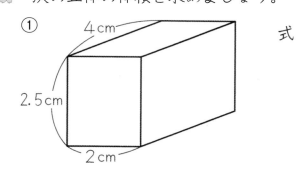

式

答え _____

② 　１辺が６cm の立方体の体積

式

答え _____

③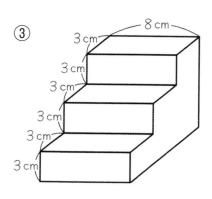

式

答え _____

④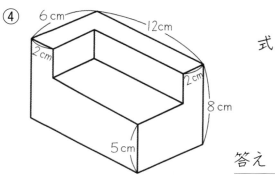

式

答え _____

点

## 体積 まとめ ⒅

名前

**1** 厚さ１cm の板でつくった右のような
容器に、水は何 cm³ 入りますか。

（式、答え各 10 点）

式

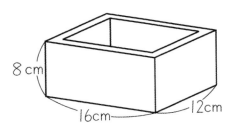

8 cm
16cm
12cm

答え _____

**2** 内側の辺の長さが右のような
水そうに、水を 18L 入れました。

（式、答え各 10 点）

① 水の深さは何 cm になりますか。

式

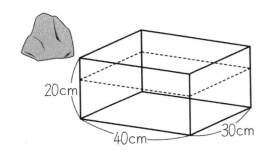

20cm
40cm
30cm

答え _____

② さらに石をしずめると、水の深さは 15.5cm になりました。
石の体積は何 cm³ ですか。

式

答え _____

**3** 学校のプールは、たて 25m、横 10m、深さ１m です。何 m³ の水が入っ
ていますか。

（式、答え各 10 点）

式

答え _____

**4** ☐ に数を入れましょう。

（各 10 点）

① １m³ ＝ ☐ cm³

② １L ＝ ☐ cm³

点

# 単位量あたりの大きさ (1) 平均　名前

みかんが5個ありました。みかん1個あたりの重さについて考えましょう。

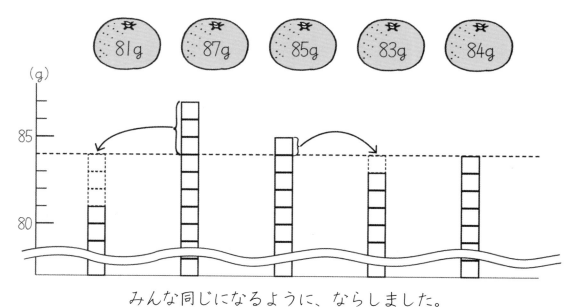

みんな同じになるように、ならしました。

> このように、何個かの大きさの量や数を、同じ大きさになるようにならしたものを、もとの量や数の 平均 といいます。
>
> 平均＝合計÷個数

**1** 上のみかんの重さの平均を計算で求めましょう。

式

答え _____

**2** たまごの重さの平均を求めましょう。

式

答え _____

# 単位量あたりの大きさ (2) 平均　名前

月　　日

**1** なおきさんのテストの平均点を求めましょう。

| 教科 | 国語 | 社会 | 算数 | 理科 |
|---|---|---|---|---|
| 点数 | 87 | 96 | 100 | 89 |

式


答え

**2** Aグループは、6人で本を900ページ読みました。Bグループは、5人で本を800ページ読みました。

　1人平均では、どちらのグループがたくさん読みましたか。

式


答え

**3** けんじさんは、4回の漢字テストの平均点が90点でした。

　5回目のテストで、100点をとりました。5回の平均点は何点ですか。

式


答え

**4** としおさんの算数テスト5回の平均点は85点でした。6回目に97点をとると、平均点は何点になりますか。

式


答え

# 単位量あたりの大きさ (3) 平均　名前

**1**　松本さんは、6回の計算テストの平均が8点でした。がんばって、7回目は10点、8回目も10点とりました。松本さんの8回のテストの平均点は、何点になりますか。

式

答え _____

**2**　同じくらいの大きさのみかんが入った大きさのちがう箱が、2箱ありました。

①　1つの箱のみかんは30個で、2400gありました。1個平均何gですか。

式

答え _____

②　もう1つの箱の重さを測って、箱の重さをひくと4000gでした。この箱には、みかんはおよそ何個入っていると考えられますか。

式

答え _____

**3**　親子ハイキングで、みかんがりにいきました。1人が食べた平均は、右の表の通りです。

参加者全体では、1人平均何個のみかんを食べたことになりますか。

式

食べたみかんの数の平均

|  | 人数 | 食べた平均 |
|---|---|---|
| 子 | 30人 | 8個 |
| 親 | 20人 | 10個 |

答え _____

# 単位量あたりの大きさ (4) 混み具合　名前

✿　林間学校の部屋わりが、右の表のように決まりました。
混み具合について考えましょう。

| 部屋名 | 10号 | 11号 | 12号 |
|---|---|---|---|
| たたみの数 | 8まい | 8まい | 6まい |
| 人　数 | 5人 | 4人 | 4人 |

① 混んでいる方に○をしましょう。

　㋐　10号室　と　11号室　　　（たたみの数が同じ）

　㋑　11号室　と　12号室　　　（人数が同じ）

② 10号室と12号室を比べましょう。

　㋐　たたみ1まいあたりの人数

　　・10号室　　式

　　　　　　　　　　　　　　　　　答え ＿＿＿＿＿＿＿＿

　　・12号室　　式

　　　　　　　　　　　　　　　　　答え ＿＿＿＿＿＿＿＿

　㋑　1人あたりのたたみのまい数

　　・10号室　　式

　　　　　　　　　　　　　　　　　答え ＿＿＿＿＿＿＿＿

　　・12号室　　式

　　　　　　　　　　　　　　　　　答え ＿＿＿＿＿＿＿＿

③ 混んでいる順に部屋番号をかきましょう。

　　（　　　　　）—→（　　　　　）—→（　　　　　）

┌──────────────────────────────┐
　　混み具合を比べるとき、1m² あたり、たたみ1まいあたりなどのように、**単位量あたりの大きさ** を求めて比べることがあります。
└──────────────────────────────┘

**1** 日曜日に、6両の電車に660人乗っていました。月曜日に8両の電車に960人乗っていました。日曜日と月曜日では、どちらが混んでいますか。

式

答え _____

**2** 2mが500円の赤いリボンと、3mが800円の青いリボンがあります。1mあたりで比べると、どちらが安いですか。

式

答え _____

**3** 1ダース660円のえんぴつと、10本530円のえんぴつがあります。1本あたりで比べると、どちらが安いですか。

式

答え _____

**4** 5m²の学習園に、500gの肥料をまきました。学習園全体に同じようにまくと、肥料が2.5kg必要です。学習園全体の広さは、何m²ですか。

式

答え _____

# 単位量あたりの大きさ (6) 名前

■1 1200gのはり金がありました。50cm切り取って重さを測ったら、30gありました。はり金は、全部で何mありますか。

式

答え _____

■2 右の表は、銀と金のかたまりの体積と重さを表したものです。

| | 体積(cm³) | 重さ(g) |
|---|---|---|
| 銀 | 210 | 2205 |
| 金 | 150 | 2895 |

① 1cm³ あたりで重いのはどちらですか。

式

答え _____

② 体積300cm³の銀のかたまりがあります。この銀のかたまりの重さは何gですか。

式

答え _____

③ 重さ1930gの金のかたまりがあります。この金のかたまりの体積は何cm³ですか。

式

答え _____

■3 シタンという木でできた重さ1.08kgで、一辺10cmの立方体があります。この木を水そうに入れたらしずみました。この木1cm³は何gですか。

式

答え _____

# 単位量あたりの大きさ (7) 名前

**1** 7L のガソリンで 154km 走った車は、1L のガソリンで何km 走ったことになりますか。

式

答え _____

**2** ガソリン 1L で 30km 走る車があります。180km 走るには、何L のガソリンが必要ですか。

式

答え _____

**3** 30L のガソリンで 840km 走った車Aと、20L のガソリンで 520km 走った車Bがあります。
　　1L あたりのガソリンで、長く走れる車はどちらですか。

式

答え _____

**4** 100km 走るのに、ガソリンを 4L 使った車があります。この車で 500km 走るには、何L のガソリンが必要ですか。

式

答え _____

月　　日

① 面積が 8km² で、人口 24000 人の町の 1km² あたりの人口は、何人
ですか。

式

答え＿＿＿＿＿＿＿＿＿＿＿

> 1km² あたりの人口を 人口密度（じんこうみつど） といいます。

② 面積が日本で一番せまい市の蕨市（わらび）（埼玉県（さいたま））は、人口約 75800 人で、
面積は約 5.1km² です（2021 年調査）。蕨市の人口密度を整数で表し
ましょう。（小数第一位を四捨五入（ししゃごにゅう）しましょう。）

式

答え＿＿＿＿＿＿＿＿＿＿＿

③ 面積が日本で一番広い市の高山市（ぎふ）（岐阜県）は、人口約 85900 人で、
面積は約 2177km² です（2021 年調査）。高山市の人口密度を整数で表
しましょう。（小数第一位を四捨五入しましょう。）

式

答え＿＿＿＿＿＿＿＿＿＿＿

④ 右の表を見て、各国の人口密度を計算しましょう。
（小数第一位を四捨五入して、整数で表しましょう。）

各国の人口と面積

|  | 人口（万人） | 面積（万 km²） | 人口密度 |
|---|---|---|---|
| 中　　国 | 141000 | 960 | 人 |
| アメリカ | 33291 | 963 | 人 |
| 韓（かん）　国（こく） | 5130 | 10 | 人 |
| 日　　本 | 12512 | 38 | 人 |

（2021 年調べ）

月　　　日

**1**　木村さんの4回のテストの平均は85点でした。5回目に100点をとりました。平均は何点になりましたか。　　　　　　（式・答え各10点）

式

答え＿＿＿＿＿＿＿＿＿

**2**　じろうさんの菜園8m²から17.6kgのいもがとれました。

けい子さんの菜園12m²から22.8kgのいもがとれました。

1m²あたりのとれ高は、どちらが多いですか。　　（式・答え各10点）

式

答え＿＿＿＿＿＿＿＿＿

**3**　1ダース660円のえんぴつと、10本560円のえんぴつがあります。

1本あたりで比べると、どちらが安いですか。　　（式・答え各10点）

式

答え＿＿＿＿＿＿＿＿＿

**4**　去年は、6m²の花だんに75本の花を植えました。今年は、花だんの面積が8m²になりました。　　　　　　（式・答え各10点）

①　去年の花の混み具合は、1m²あたり何本ですか。

式

答え＿＿＿＿＿＿＿＿＿

②　今年も、去年と同じ混み具合で花を植えると、何本植えられますか。

式

答え＿＿＿＿＿＿＿＿＿　　　　　点

# 単位あたりの大きさ まとめ ⒇ 名前

**1** 5さつで600円のノートと、4さつで520円のノートがあります。1さつあたりのねだんは、どちらが高いですか。　（式・答え各10点）

式

答え _____

**2** 6分間に480まい、印刷できる印刷機があります。この印刷機で2000まい印刷するには、何分かかりますか。　（式・答え各10点）

式

答え _____

**3** 140km走るのに5Lのガソリンを使う車は、8Lのガソリンで何km走ることができますか。　（式・答え各10点）

式

答え _____

**4** 紙50まいの重さが100gありました。この紙1000まいの重さは何gですか。　（式・答え各10点）

式

答え _____

**5** 右の表はA町とB町の人口と面積です。2つの町の人口密度はどちらが高いですか。　（式・答え各10点）

|  | 人口（人） | 面積（Km²） |
|---|---|---|
| A町 | 15600 | 13 |
| B町 | 22500 | 18 |

式

答え _____

点

# 速　さ (1)

名前

> 速さは、単位時間あたりの道のりで表します。
> 速さ＝道のり÷時間

**1**　3時間で150kmの道のりを走る自動車の時速は、何kmですか。

式

答え _____

**2**　2時間で120kmの道のりを走る自動車の時速は、何kmですか。

式

答え _____

**3**　5時間で400kmの道のりを走る自動車の時速は、何kmですか。

式

答え _____

**4**　東海道新幹線は、東京・新大阪間約550kmを、約2.5時間で走ります。新幹線の時速はおよそ何kmですか。

式

答え _____

# 速　さ (2)

名前

> 1時間あたりに進む道のりで表した速さ…時速
> 1分間あたりに進む道のりで表した速さ…分速
> 1秒間あたりに進む道のりで表した速さ…秒速

**1** 新幹線さくら号は、新大阪から鹿児島中央駅間約900kmを約4時間で行きます。さくら号の時速はおよそ何kmですか。

式

答え _____

**2** 15分間に12kmの道のりを走る自動車の分速は、何mですか。

式

答え _____

**3** 8分間で540mの道のりを歩く人の分速は、何mですか。

式

答え _____

**4** 15秒間に5100m伝わる音の秒速は、何mですか。

式

答え _____

# 速　さ (3)

名前

> 道のりは、次のようにして求めます。
> 道のり＝速さ×時間

**1** 時速 50km で走る自動車が 2 時間に進む道のりは、何 km ですか。

式

答え _____

**2** 時速 60km で走る自動車が 3.5 時間に進む道のりは、何 km ですか。

式

答え _____

**3** 時速 125km で走る列車が 3 時間に進む道のりは、何 km ですか。

式

答え _____

**4** 東京から時速 173km で走る新幹線はやて号に乗りました。4.1 時間で新青森に着きました。東京・新青森間は約何 km ありますか。上から 2 けたのがい数で求めましょう。

式

答え _____

# 速　さ (4)

名前

1　東京国際空港から新千歳空港（札幌）までジェット機に乗り、約2時間かかりました。ジェット機は平均時速460kmで飛んでいたそうです。東京国際空港から新千歳空港までおよそ何kmありますか。

式

答え _____

2　分速75mで歩く人が15分間で歩く道のりは、何mですか。

式

答え _____

3　分速800mで進む自動車が25分間に進む道のりは、何kmですか。

式

答え _____

4　打ち上げ花火を見て、5秒後に音を聞きました。音の秒速を340mとすると、花火を上げているところまで何mありますか。

式

答え _____

> 時間は、次のようにして求めます。
> 時間＝道のり÷速さ

**1** 時速50km の自動車が 150km の道のりを走るのにかかる時間は、何時間ですか。

式

答え ＿＿＿＿＿＿＿＿＿＿＿

**2** 時速60km の自動車が 240km の道のりを走るのにかかる時間は、何時間ですか。

式

答え ＿＿＿＿＿＿＿＿＿＿＿

**3** 時速110km で走る新幹線あさまが東京・長野間220km の道のりを走るのにかかる時間は、何時間ですか。

式

答え ＿＿＿＿＿＿＿＿＿＿＿

**4** 成田空港から約6200km はなれたハワイ・ホノルル空港までジェット機で行きました。平均時速900km で飛ぶと、約何時間かかりますか。1の位のがい数で求めましょう。

式

答え ＿＿＿＿＿＿＿＿＿＿＿

# 速　さ ⑹

名前

月　　日

1　家から学校まで1kmの道のりを分速50mで歩くと、学校まで何分かかりますか。

式

答え _____

2　家から駅まで560mの道のりを分速160mの自転車で行くと、駅まで何分かかりますか。

式

答え _____

3　分速500mで走る自動車で2kmの道のりを進むと、何分かかりますか。

式

答え _____

4　秒速340mで進む音が、1360mはなれたところにとどく時間は何秒ですか。

式

答え _____

5　地球と太陽は平均1億5000万kmはなれています。光は秒速30万kmです。太陽から出た光は、何秒で地球にとどきますか。また、それは何分何秒ですか。

式

答え _____

# 速さ まとめ ⑴ 名前

**1** 2009年にジャマイカのボルト選手が100mを9秒58(9.58秒)で走ったのが、100m走の世界最速記録です。時速40kmの自動車とでは、どちらが速いですか。 (式・答え各15点)

式

答え _____

**2** リニア中央新幹線は最高時速505kmが可能です。1分間に何m進みますか。また、1秒間にはおよそ何m進みますか。一の位までの整数で求めましょう。 (式・答え各15点)

式

答え 1分間に _____ 1秒間に _____

**3** 次の表にあてはまる速さをかきましょう。(一の位まで求める) (各4点)

|  | 秒速 | 分速 | 時速 |
|---|---|---|---|
| 100m走の選手 | 10.4m | ① m | ② km |
| 競輪選手の自転車 | 17.5m | ③ m | ④ km |
| レーシングカー | ⑤ m | ⑥ m | 360km |
| リニア新幹線 | ⑦ m | 8400m | ⑧ km |
| ジェット機 | ⑨ m | ⑩ m | 960km |

点

# 速さ まとめ (22)

名前

**1**　5時間に 280km 進む自動車の速さは、時速何 km ですか。

(式・答え各 10 点)

式

　　　　　　　　　　　　　　　　　　　答え ＿＿＿＿＿＿＿

**2**　時速 70km で走っている自動車が、3.5 時間走り続けると何 km 走ることになりますか。

(式・答え各 10 点)

式

　　　　　　　　　　　　　　　　　　　答え ＿＿＿＿＿＿＿

**3**　140km はなれたおじさんの家へ、時速 40km の速さの車で行きます。何時間かかりますか。

(式・答え各 10 点)

式

　　　　　　　　　　　　　　　　　　　答え ＿＿＿＿＿＿＿

**4**　プリンタＡは２分間で 74 まい、プリンタＢは５分間で 150 まい印刷できます。速く印刷できるのは、どちらのプリンタですか。

(式・答え各 10 点)

式

　　　　　　　　　　　　　　　　　　　答え ＿＿＿＿＿＿＿

**5**　山へ登って、「ヤッホー」とさけんだら、３秒たってこだまが、かえってきました。音は秒速 340m とします。向かいの山まで、およそ何 m と考えられますか。

(式・答え各 10 点)

式

　　　　　　　　　　　　　　　　　　　　　　　　　点

答え ＿＿＿＿＿＿＿

# 割合とグラフ (1)

> もとにする量を 1 として、比べられる量がいくつになるかを表した数を 割合 といいます。
>
>
>
> 割合＝比べられる量÷もとにする量

1　ひまわりの種を 120 個まいたうち、108 個芽が出ました。芽が出た割合を求めましょう。

　式

　　　　　　　　　　　　　　　　　　答え

2　定員が 180 人の映画館があります。今 144 人が入っています。混み具合を割合で求めましょう。

　式

　　　　　　　　　　　　　　　　　　答え

> 割合を表すのに、百分率 を使うことがあります。
> 割合を表す 0.01 を百分率で表すと
> 1 %（1 パーセント）となります。
> 1 は 100 %になります。
>
> かき順
> ①②
> ％③

# 割合とグラフ (2)

名前

**1** 小数（または整数）で表した割合を、百分率で表しましょう。

① 0.02　→

② 0.05　→

③ 0.45　→

④ 0.99　→

⑤ 0.6　→

⑥ 0.5　→

⑦ 1　→

⑧ 1.2　→

⑨ 1.5　→

⑩ 1.35　→

---

10%は0.1　　　1%は0.01

---

**2** 百分率で表した割合を、小数（または整数）で表しましょう。

① 80%　→

② 70%　→

③ 55%　→

④ 98%　→

⑤ 5%　→

⑥ 6%　→

⑦ 100%　→

⑧ 125%　→

⑨ 150%　→

⑩ 180%　→

## 割合とグラフ (3)　名前

> 比べられる量＝もとにする量×割合（わりあい）

**１** ある学校の児童は 245 人です。全体に対する 0.6 の割合が女子です。女子は何人ですか。

式

答え ＿＿＿＿＿＿＿＿＿＿

**２** 25m² のかべの 54％にペンキをぬりました。何 m² ぬりましたか。

式

答え ＿＿＿＿＿＿＿＿＿＿

**３** 定価（ていか）2000 円の商品を 20％引きで買いました。いくらで買いましたか。

式

答え ＿＿＿＿＿＿＿＿＿＿

---

　　割合を表すのに「**割・分・厘**」を使った**歩合（ぶあい）**という方法もあります。野球の打率（だりつ）などを表すのに使われます。

| 小　数 | 1 | 0.1 | 0.01 | 0.001 |
|---|---|---|---|---|
| 百分率 | 100% | 10% | 1% | 0.1% |
| 歩　合 | 10割 | 1割 | 1分 | 1厘 |

# 割合とグラフ (4)

名前

> もとにする量＝比べられる量÷割合

**1**　なお子さんは、持っていたお金の 60％ を使って 600 円の本を買いました。はじめ持っていたお金は何円ですか。

式

答え _____

**2**　「定価の8割」と札にかいてあるシャツを 640 円で買いました。シャツの定価はいくらですか。

式

答え _____

**3**　6割引きの大安売りコーナーで、500 円のズボンを買いました。ズボンの定価はいくらでしたか。

式

答え _____

**4**　次の表の割合を、小数、百分率、歩合で表しましょう。

| 小　数 | 百分率 | 歩　合 |
|---|---|---|
| 0.3 | ① | ② |
| 1.2 | ③ | ④ |
| ⑤ | 46％ | ⑥ |
| ⑦ | ⑧ | 3割4分5厘 |

## 割合とグラフ (5)　名前

**1** 定価1200円のシャツを、A店では定価の8割5分、B店では定価から20%引き、C店では200円引きとなっています。どの店が一番安く買えますか。

式

答え _____

**2** 年末のある日、新幹線（定員1323人の列車）が150%の混み具合でした。この列車には約何人の人が乗っていますか。十の位を四捨五入してがい数で求めましょう。

式

答え _____

**3** 2021年、野球の大谷選手（エンゼルス）の結果は打数は537、安打は138本です。打数をもとにして打率を歩合で「厘」まで求めましょう。小数第4位を四捨五入します。

式

答え _____

**4** ある選手は、打数400、安打118本でした。この後続けて3本ヒットを打ちました。打率は3割をこえますか。

式

答え _____

# 割合とグラフ (6)

名前

> 下のグラフを **帯グラフ** といいます。目もりが帯の外にあることもあります。割合を表すのによく使います。

❀ 帯グラフを見て、あとの向いに答えしょう。

日本の地いき別の面積（全体38万km²）

| 本　　州 | 北海道 | 九州 | 四国 |

```
0   10   20   30   40   50   60   70   80   90  100%
```

① それぞれの地いきの割合を百分率で表しましょう。

あ　本州（　　　　　　　）　　　い　北海道（　　　　　　　　）

う　九州（　　　　　　　）　　　え　四国　（　　　　　　　　）

② それぞれの地いきの面積を一万の位までのがい数で表しましょう。

あ　本州　　（　　　　　　　　）

い　北海道　（　　　　　　　　）

う　九州　　（　　　　　　　　）

え　四国　　（　　　　　　　　）

③ このグラフを見て、わかることを2つかきましょう。

　　・

　　・

# 割合とグラフ (7)

名前

月　　日

❀　3学期のある日、休み時間に5年生がしていた遊びを表にしました。

① 全体をもとにして、それぞれの割合を百分率で表しましょう。

### 休み時間の遊び（5年）

| 遊び | 人数 | 百分率(%) |
|---|---|---|
| ドッジボール | 69 | |
| サッカー | 30 | |
| 一輪車 | 21 | |
| なわとび | 12 | |
| その他 | 18 | |
| 合計 | 150 | 100 |

② 休み時間の遊びの割合を、帯グラフに表しましょう。

### 休み時間の遊び（5年）

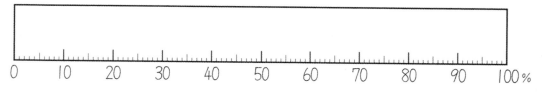

③ このグラフや表を見て、わかることを2つかきましょう。

・

・

# 割合とグラフ (8)

名前

❋　次の表は、みち子さんの学校の保健室に、けがでやってきた人の人数です。

①　全体をもとにして、それぞれの割合を百分率で表しましょう。

けがでやってきた人数（1学期）

| 種　類 | 人　数 | 百分率(%) |
|---|---|---|
| すりきず | 48 | |
| 打 ぼ く | 36 | |
| 切りきず | 24 | |
| つ き 指 | 15 | |
| そ の 他 | 27 | |
| 合　計 | 150 | 100 |

②　円グラフに表しましょう。　けがでやってきた人数（1学期）

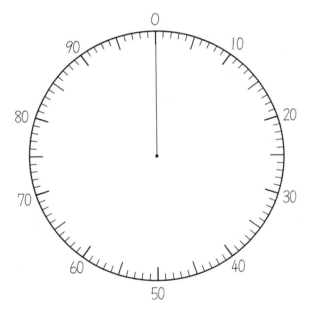

③　このグラフを見て、わかることを1つかきましょう。

# 割合とグラフ まとめ (23) 名前

**1** スーパーマーケットで、500円の買い物をしました。10%の消費税をたすと、何円になりますか。　　　　　　　　　(式・答え各10点)

式

答え

**2** かぜで6人が休みました。これは、クラスの20%にあたります。クラスの人数は、何人ですか。　　　　　　　　　(式・答え各10点)

式

答え

**3** まさみさんのお姉さんの高校の生徒は1080人います。そのうち電車で通っている生徒が378人だそうです。電車通学の生徒の割合を百分率で求めましょう。　　　　　　　　　　　　　　(式・答え各10点)

式

答え

**4** 次の表の割合を小数、百分率、歩合で表しましょう。　(各2点)

| 小 数 | 0.07 | ③ | ⑤ | ⑦ | 1 |
|---|---|---|---|---|---|
| 百分率 | ① | 8.9% | ⑥ | 200% | ⑨ |
| 歩 合 | ② | ④ | 2割 | ⑧ | ⑩ |

**5** 日本のプロ野球では、4割打者はまだいません。1986年阪神のバース選手の3割8分8厘が最高です。この年のバース選手の打数453、安打176でした。あと何本が安打（ヒット）だったら4割打者になっていたでしょう。打数は453でふえません。　(式・答え各10点)

式

答え　　　　　　　　　　　　　　　点

# 割合とグラフ まとめ ⑷　名前

❀　次の表は、かずえさんの学校の地区別児童数です。

① 全体をもとにして、それぞれの割合を百分率で表しましょう。小数点以下を四捨五入し、がい数で表しましょう。

（各10点）

地区別児童数

| 地区 | 人数 | 百分率(％) |
|---|---|---|
| 北　町 | 130 | |
| 東　町 | 85 | |
| 南　町 | 65 | |
| 西　町 | 31 | |
| 中央町 | 21 | |
| その他 | 18 | |
| 合　計 | 350 | 100 |

② 円グラフに表しましょう。

（各5点）

地区別児童数

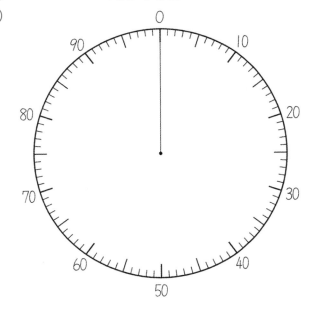

③ このグラフや表を見て、わかることを1つかきましょう。（10点）

・

点

# かんたんな比例 (1)

名前

………… 月 …… 日

次の表は、空の水そうに水を入れたときの水の量□ L と、水の深さ○ cm の関係を表したものです。

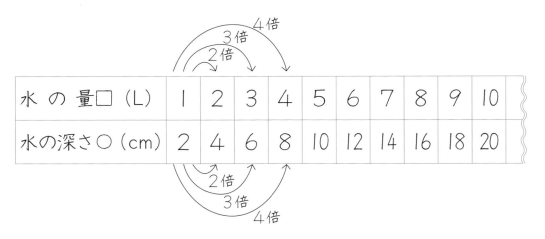

| 水 の 量□（L） | 1 | 2 | 3 | 4 | 5 | 6 | 7 | 8 | 9 | 10 |
|---|---|---|---|---|---|---|---|---|---|---|
| 水の深さ○（cm） | 2 | 4 | 6 | 8 | 10 | 12 | 14 | 16 | 18 | 20 |

> 2つの量□と○があって、□のあたいが2倍、3倍、……になると、それに対応する○のあたいも2倍、3倍、……になるとき、○は□に **比例** するといいます。

❀ 下の表をしあげましょう。また（　　　）に言葉をかきましょう。

正方形の1辺の長さ□ cm と、周りの長さ○ cm は比例します。

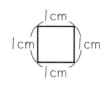

| 1辺の長さ□（cm） | 1 | 2 | 3 | 4 | 5 |
|---|---|---|---|---|---|
| 周りの長さ○（cm） | | | | | |

正方形の1辺の長さが2倍になると、周りの長さも（　　　　　　）になります。

— 128 —

## かんたんな比例 (2)

**1**　次の表は 1 m あたり 2.5kg の鉄ぼうの長さと重さの関係を表したものです。

① 表にあう数をかき入れましょう。

| 長さ（m） | 1 | 2 | 3 | 4 | 5 | 6 |
|---|---|---|---|---|---|---|
| 重さ（kg） | | | | | | |

② 鉄ぼうの長さが2倍、3倍、……になるとき、重さはどうなりますか。

答え _____

**2**　正方形の 1 辺の長さと周囲の長さを表にしましょう。

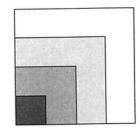

| 1辺の長さ(cm) | 1 | 2 | 3 | 4 | 5 | 6 |
|---|---|---|---|---|---|---|
| 周囲の長さ(cm) | | | | | | |

1辺の長さと周囲の長さは比例しているといえますか。

（　　　　　　　）

**3**　底辺の長さが 4 cm の三角形があります。この三角形の高さを変えていくと、面積はどうなりますか。

① 次の表を完成させましょう。

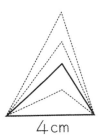

4 cm

| 高　さ(cm) | 1 | 2 | 3 | 4 |
|---|---|---|---|---|
| 面　積(cm²) | | | | |

② 高さが 8 cm になると、面積はいくらになりますか。

（　　　　　　　）

# 答　え

〔P. 3〕

① ⑦ 十の位　　④ 一の位

　 ⑦ $\frac{1}{10}$ の位　　④ $\frac{1}{100}$ の位

② $\frac{1}{10}$ → 3.221m

　 $\frac{1}{100}$ → 0.3221m

③ 322.1 ⟨<⟩ 397.7

〔P. 4〕

**1**

| 百の位 | 十の位 | 一の位 | $\frac{1}{10}$の位 | $\frac{1}{100}$の位 | $\frac{1}{1000}$の位 |
|---|---|---|---|---|---|
| | | 0. | 0 | 2 | 5 |
| | | 0. | 2 | 5 | |
| | | 2. | 5 | | |
| | 2 | 5. | | | |
| 2 | 5 | 0. | | | |

**2** ① 23.6　　② 314

　　③ 9580　　④ 5.76

　　⑤ 0.701　　⑥ 0.365

**3** 4, 2, 1, 9, 5

**4** 0.951

〔P. 5〕

**1** 3×4.5＝13.5　　13.5cm²

**2** ①
```
      4
  ×3.6
    2 4
  1 2
  1 4.4
```
②
```
      5
  ×4.7
    3 5
  2 0
  2 3.5
```
③
```
      7
  ×6.3
    2 1
  4 2
  4 4.1
```
④
```
      3
  ×5.8
    2 4
  1 5
  1 7.4
```

〔P. 6〕

**1** 3.5×4.5＝15.75　　15.75cm²

**2** ①
```
      4.7
    ×7.9
    4 2 3
  3 2 9
  3 7.1 3
```
②
```
      1.9
    ×6.7
    1 3 3
  1 1 4
  1 2.7 3
```
③
```
      6.8
    ×9.6
    4 0 8
  6 1 2
  6 5.2 8
```

〔P. 7〕

① 30.24　　② 41.04　　③ 33.82

④ 76.44　　⑤ 24.12　　⑥ 88.11

⑦ 92.12　　⑧ 61.62　　⑨ 50.35

〔P. 8〕

① 40.5　　② 15.5　　③ 34.2

④ 49.4　　⑤ 21　　⑥ 36

⑦ 11　　⑧ 27　　⑨ 17

〔P. 9〕

① 0.18　　② 0.81　　③ 0.012

④ 0.06　　⑤ 0.08　　⑥ 0.006

⑦ 0.3　　⑧ 0.2　　⑨ 0.04

⑩ 0.25　　⑪ 0.609　　⑫ 1.53

〔P. 10〕

① 0.2838　　② 0.4144　　③ 0.544

④ 2.4282　　⑤ 1.521　　⑥ 5.5642

⑦ 1.2644　　⑧ 2.49　　⑨ 1.98

〔P. 11〕

① 12.663　　② 26.166　　③ 56.163

④ 26.226　　⑤ 25.95　　⑥ 27.63

⑦ 155.73　　⑧ 373.44　　⑨ 231.21

〔P. 12〕

**1** ① 0.24　　② 0.72

　　③ 0.2　　④ 0.012

　　⑤ 31.08　　⑥ 43.07

　　⑦ 28.88　　⑧ 1.5444

　　⑨ 5.4782　　⑩ 1.665

**2** $4.5 \times 6.3 = 28.35$    $28.35g$

[P. 13]
**1** ① 0.27　② 0.28
③ 0.42　④ 0.054
⑤ 53.04　⑥ 60.04
⑦ 50.35　⑧ 1.2964
⑨ 2.3856　⑩ 1.5048
**2** ①, ③, ④, ⑥

[P. 14]
㋐ $72 \div 2 = 36$    36円
㋑ $72 \div 2.4 = 30$    30円

[P. 15]
① $3.2\overline{)16.0} = 5$
② $4.5\overline{)27.0} = 6$
③ $3.4\overline{)17.0} = 5$
④ $5.2\overline{)20.8} = 4$
⑤ $4.3\overline{)25.8} = 6$
⑥ $3.2\overline{)25.6} = 8$
⑦ $1.3\overline{)18.2} = 14$
⑧ $1.8\overline{)23.4} = 13$
⑨ $2.4\overline{)28.8} = 12$
⑩ $1.2\overline{)25.2} = 21$
⑪ $2.1\overline{)67.2} = 32$
⑫ $2.6\overline{)88.4} = 34$

[P. 16]
① 1.5　② 5.5　③ 2.8

④ 1.5　⑤ 1.8　⑥ 3.5
⑦ 3.5　⑧ 3.5　⑨ 1.5

[P. 17]
① 8.5　② 7.2　③ 6.5
④ 3.5　⑤ 8.6　⑥ 6.5
⑦ 7.7　⑧ 5.4　⑨ 4.8

[P. 18]
① 0.5　② 0.6　③ 0.5
④ 0.6　⑤ 0.9　⑥ 0.5
⑦ 0.5　⑧ 0.2　⑨ 0.5
⑩ 0.5　⑪ 0.5　⑫ 0.5

[P. 19]
① 0.75　② 0.92
③ 0.75　④ 0.25
⑤ 1.75　⑥ 1.25

[P. 20] (…はあまりを表す)
**1** $5 \div 0.35 = 14 \cdots 0.1$
14本できて0.1Lあまる
**2** ① 7…0.2　② 3…0.2
③ 1…1.1　④ 24…0.5
⑤ 57…0.2　⑥ 71…0.2

[P. 21]
**1** ① 8…1.6　② 5…1.5
③ 6…0.2
**2** ① 3.4…0.13　② 4.5…0.11
③ 3.9…0.17
**3** ① 5.9　② 2.3
③ 7.4　④ 8.8

[P. 22]
**1** $27.4 \div 1.4 = 19.57$    19.6倍
**2** ① 1.85→1.9
② 2.17→2.2
③ 7.11→7.1
④ 5.62→5.6

[P. 23]
**1** $5.4 \div 3.5 = 1.54 \cdots$    1.5倍

**2** ① 2.28 → 2.3
② 3.77 → 3.8
③ 4.29 → 4.3
④ 1.24 → 1.2

〔P. 24〕
**1** ① 0.45　② 0.24
**2** ① 1.42 → 1.4
② 1.48 → 1.5
**3** 6 ÷ 0.45 ＝ 13 あまり 0.15
13本できて、0.15m あまる

〔P. 25〕
**1** ① 商8，あまり1.6
② 商6，あまり0.2
③ 商4，あまり3.2
**2** ① ○　② ×
③ ×　④ ○
⑤ ○　⑥ ×
**3** 12 ÷ 0.6 ＝ 20　　20cm

〔P. 26〕
偶数　0，2，4，6，8，10
奇数　1，3，5，7，9，11

〔P. 27〕
**1** 偶数　36, 54, 68, 82
奇数　17, 25, 43, 79, 91
**2** 892 ＝ 890 ＋ 2，569 ＝ 560 ＋ 9
450 ＝ 450 ＋ 0，777 ＝ 770 ＋ 7
890，560，450，770 は偶数なので一
の位のみ考えればよい。
**3** ① 偶数　② 奇数　③ 偶数

〔P. 28〕
**1** ○をつけるもの
2, 4, 6, 8, 10, 12, 14, 16,
18, 20, 22, 24, 26, 28, ……
**2** ○をつけるもの
3, 6, 9, 12, 15, 18, ……
**3** ① 8, 16, 24
② 9, 18, 27
③ 10, 20, 30

④ 11, 22, 33
⑤ 12, 24, 36
⑥ 13, 26, 39

〔P. 29〕
**1** 6, 12, 18
**2** ① 12, 24, 36
② 6, 12, 18
③ 18, 36, 54

〔P. 30〕
**1** ① 6　② 12
**2** ① 4　② 6　③ 24

〔P. 31〕
① 12　② 20
③ 30　④ 42
⑤ 15　⑥ 56
⑦ 90　⑧ 143

〔P. 32〕
① 6　② 8
③ 10　④ 14
⑤ 6　⑥ 18
⑦ 36　⑧ 42

〔P. 33〕
① 24　② 18
③ 24　④ 63
⑤ 60　⑥ 72
⑦ 75　⑧ 90

〔P. 34〕
○をつけるもの
① 1, 2, 3, 6
② 1, 2, 4, 8
③ 1, 3, 9

〔P. 35〕
**1** 1, 2, 4
**2** ① 10と15の公約数　1, 5
10の約数　1, 2, 5, 10
15の約数　1, 3, 5, 15

② 12と18の公約数　1，2，3，6
　　12の約数　1，2，3，4，
　　6，12
　　18の約数　1，2，3，6，
　　9，18
③ 16と24の公約数　1，2，4，8
　　16の約数　1，2，4，8，16
　　24の約数　1，2，3，4，
　　　　　　6，8，12，24

〔P. 36〕
**1** ① 4　② 3
**2** ① 6　② 10　③ 8

〔P. 37〕
① 4　② 9
③ 4　④ 9
⑤ 7　⑥ 6
⑦ 10　⑧ 7
⑨ 5　⑩ 11

〔P. 38〕
**1** ① 36　② 42
　　③ 35　④ 12
　　⑤ 15　⑥ 72
**2** ① 8　② 18
　　③ 1　④ 8
　　⑤ 5　⑥ 6
**3** 48と60の最大公約数を求める。
　　　　　　　　　12cm
**4** 8と10の最小公倍数を求める。
　　　　　　　　　40cm

〔P. 39〕
**1** ① 14　② 6
　　③ 24　④ 18
　　⑤ 12　⑥ 72
**2** ① 2　② 1
　　③ 3　④ 3
　　⑤ 10　⑥ 7
**3** 4と6の最小公倍数を求める。
　　　　　　　　12cm，24cm
**4** 15と20の最小公倍数を求める。
　　　　　　　60より　午前9時

〔P. 40〕
**1** ⑥と⑨，⑥と⑦，⑦と⑦
**2** ① 点Aと点D
　　　点Bと点E
　　　点Cと点F
　② 辺ABと辺DE
　　　辺BCと辺EF
　　　辺CAと辺FD
　③ 角Aと角D
　　　角Bと角E
　　　角Cと角F

〔P. 41〕
**1**
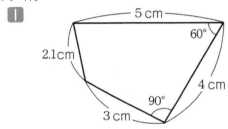

**2** ①，②，③，④

〔P. 42〕　図は縮小してあります。
①
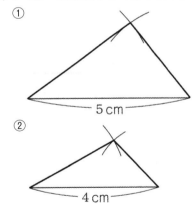
②

〔P. 43〕　図は縮小してあります。
①
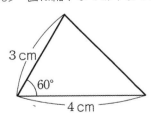

②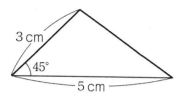
3 cm
45°
5 cm

〔P. 44〕 図は縮小してあります。

①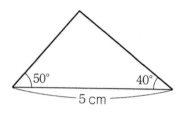
50°  40°
5 cm

②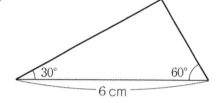
30°  60°
6 cm

〔P. 45〕
**1** いえません　　**2** いえません

〔P. 46〕
**1**～**3** 省略

〔P. 47〕
**1**
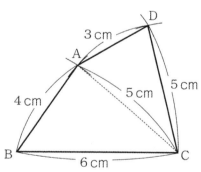
D
3 cm
A
5 cm  5 cm
4 cm
B  6 cm  C

**2**
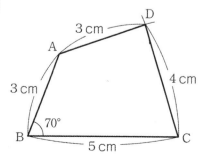
D
3 cm
A
4 cm
3 cm
70°
B  5 cm  C

〔P. 48〕
**1** あとか，いとき，えとお
**2** ① 5 cm　② 4 cm
③ 120°　④ 70°
**3** 省略

〔P. 49〕
**1** ①
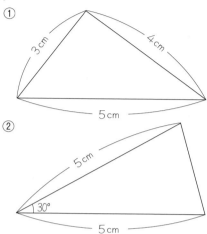
3 cm  4 cm
5 cm

②
5 cm
30°
5 cm

**2** ① 点D　② 点C
③ 3.6 cm　④ 2.9 cm
⑤ 40°　⑥ 85°

〔P. 50〕

① $\dfrac{3}{6}$ と $\dfrac{2}{6}$　② $\dfrac{3}{12}$ と $\dfrac{4}{12}$

③ $\dfrac{21}{28}$ と $\dfrac{16}{28}$　④ $\dfrac{10}{15}$ と $\dfrac{9}{15}$

⑤ $\dfrac{25}{30}$ と $\dfrac{12}{30}$　⑥ $\dfrac{15}{20}$ と $\dfrac{16}{20}$

⑦ $\dfrac{5}{10}$ と $\dfrac{4}{10}$　⑧ $\dfrac{14}{21}$ と $\dfrac{15}{21}$

〔P. 51〕

① $\dfrac{2}{4}$ と $\dfrac{3}{4}$　② $\dfrac{3}{6}$ と $\dfrac{5}{6}$

③ $\dfrac{6}{8}$ と $\dfrac{3}{8}$　④ $\dfrac{6}{9}$ と $\dfrac{5}{9}$

⑤ $\dfrac{3}{12}$ と $\dfrac{5}{12}$　　⑥ $\dfrac{9}{10}$ と $\dfrac{8}{10}$

⑦ $\dfrac{10}{21}$ と $\dfrac{9}{21}$　　⑧ $\dfrac{13}{18}$ と $\dfrac{15}{18}$

[P. 52]

① $\dfrac{3}{18}$ と $\dfrac{2}{18}$　　② $\dfrac{3}{12}$ と $\dfrac{2}{12}$

③ $\dfrac{4}{18}$ と $\dfrac{3}{18}$　　④ $\dfrac{3}{30}$ と $\dfrac{2}{30}$

⑤ $\dfrac{3}{24}$ と $\dfrac{4}{24}$　　⑥ $\dfrac{9}{24}$ と $\dfrac{10}{24}$

⑦ $\dfrac{8}{42}$ と $\dfrac{9}{42}$　　⑧ $\dfrac{25}{60}$ と $\dfrac{28}{60}$

[P. 53]

① $\dfrac{1}{2}$　② $\dfrac{6}{7}$　③ $\dfrac{4}{9}$

④ $\dfrac{1}{3}$　⑤ $\dfrac{4}{5}$　⑥ $\dfrac{1}{4}$

⑦ $\dfrac{1}{3}$　⑧ $\dfrac{1}{5}$　⑨ $\dfrac{3}{5}$

⑩ $\dfrac{2}{3}$　⑪ $\dfrac{4}{5}$　⑫ $\dfrac{3}{4}$

⑬ $\dfrac{1}{2}$　⑭ $\dfrac{3}{5}$　⑮ $\dfrac{1}{9}$

⑯ $\dfrac{2}{3}$　⑰ $\dfrac{2}{7}$　⑱ $\dfrac{4}{9}$

⑲ $\dfrac{1}{5}$　⑳ $\dfrac{3}{5}$　㉑ $\dfrac{1}{7}$

㉒ $\dfrac{1}{4}$　㉓ $\dfrac{2}{3}$　㉔ $\dfrac{6}{7}$

[P. 54]

① $\dfrac{7}{14}+\dfrac{4}{14}=\dfrac{11}{14}$　　② $\dfrac{21}{28}+\dfrac{4}{28}=\dfrac{25}{28}$

③ $\dfrac{4}{12}+\dfrac{3}{12}=\dfrac{7}{12}$　　④ $\dfrac{6}{15}+\dfrac{5}{15}=\dfrac{11}{15}$

⑤ $\dfrac{14}{21}+\dfrac{6}{21}=\dfrac{20}{21}$　　⑥ $\dfrac{5}{30}+\dfrac{6}{30}=\dfrac{11}{30}$

⑦ $\dfrac{5}{45}+\dfrac{27}{45}=\dfrac{32}{45}$　　⑧ $\dfrac{2}{14}+\dfrac{7}{14}=\dfrac{9}{14}$

⑨ $\dfrac{32}{72}+\dfrac{9}{72}=\dfrac{41}{72}$　　⑩ $\dfrac{35}{77}+\dfrac{22}{77}=\dfrac{57}{77}$

[P. 55]

① $\dfrac{2}{14}+\dfrac{1}{14}=\dfrac{3}{14}$　　② $\dfrac{12}{16}+\dfrac{1}{16}=\dfrac{13}{16}$

③ $\dfrac{6}{9}+\dfrac{1}{9}=\dfrac{7}{9}$　　④ $\dfrac{10}{15}+\dfrac{4}{15}=\dfrac{14}{15}$

⑤ $\dfrac{4}{10}+\dfrac{3}{10}=\dfrac{7}{10}$　　⑥ $\dfrac{12}{15}+\dfrac{1}{15}=\dfrac{13}{15}$

⑦ $\dfrac{4}{18}+\dfrac{1}{18}=\dfrac{5}{18}$　　⑧ $\dfrac{5}{12}+\dfrac{2}{12}=\dfrac{7}{12}$

⑨ $\dfrac{7}{32}+\dfrac{4}{32}=\dfrac{11}{32}$　　⑩ $\dfrac{10}{35}+\dfrac{8}{35}=\dfrac{18}{35}$

[P. 56]

① $\dfrac{5}{40}+\dfrac{4}{40}=\dfrac{9}{40}$　　② $\dfrac{15}{24}+\dfrac{4}{24}=\dfrac{19}{24}$

③ $\dfrac{15}{20}+\dfrac{2}{20}=\dfrac{17}{20}$　　④ $\dfrac{10}{18}+\dfrac{3}{18}=\dfrac{13}{18}$

⑤ $\dfrac{3}{24}+\dfrac{2}{24}=\dfrac{5}{24}$　　⑥ $\dfrac{8}{30}+\dfrac{5}{30}=\dfrac{13}{30}$

⑦ $\dfrac{14}{20}+\dfrac{5}{20}=\dfrac{19}{20}$　　⑧ $\dfrac{21}{36}+\dfrac{8}{36}=\dfrac{29}{36}$

⑨ $\dfrac{8}{60}+\dfrac{21}{60}=\dfrac{29}{60}$　　⑩ $\dfrac{20}{72}+\dfrac{15}{72}=\dfrac{35}{72}$

[P. 57]

① $\dfrac{7}{42}-\dfrac{6}{42}=\dfrac{1}{42}$　　② $\dfrac{8}{24}-\dfrac{3}{24}=\dfrac{5}{24}$

③ $\dfrac{10}{35} - \dfrac{7}{35} = \dfrac{3}{35}$  ④ $\dfrac{9}{18} - \dfrac{8}{18} = \dfrac{1}{18}$

⑤ $\dfrac{6}{15} - \dfrac{5}{15} = \dfrac{1}{15}$  ⑥ $\dfrac{7}{21} - \dfrac{6}{21} = \dfrac{1}{21}$

⑦ $\dfrac{9}{12} - \dfrac{4}{12} = \dfrac{5}{12}$  ⑧ $\dfrac{9}{36} - \dfrac{4}{36} = \dfrac{5}{36}$

⑨ $\dfrac{56}{72} - \dfrac{27}{72} = \dfrac{29}{72}$  ⑩ $\dfrac{63}{70} - \dfrac{50}{70} = \dfrac{13}{70}$

[P. 58]

① $\dfrac{3}{15} - \dfrac{1}{15} = \dfrac{2}{15}$  ② $\dfrac{6}{9} - \dfrac{5}{9} = \dfrac{1}{9}$

③ $\dfrac{10}{12} - \dfrac{5}{12} = \dfrac{5}{12}$  ④ $\dfrac{4}{16} - \dfrac{1}{16} = \dfrac{3}{16}$

⑤ $\dfrac{3}{21} - \dfrac{1}{21} = \dfrac{2}{21}$  ⑥ $\dfrac{4}{10} - \dfrac{3}{10} = \dfrac{1}{10}$

⑦ $\dfrac{4}{32} - \dfrac{1}{32} = \dfrac{3}{32}$  ⑧ $\dfrac{4}{14} - \dfrac{3}{14} = \dfrac{1}{14}$

⑨ $\dfrac{24}{27} - \dfrac{5}{27} = \dfrac{19}{27}$  ⑩ $\dfrac{35}{48} - \dfrac{28}{48} = \dfrac{7}{48}$

[P. 59]

① $\dfrac{3}{12} - \dfrac{2}{12} = \dfrac{1}{12}$  ② $\dfrac{10}{24} - \dfrac{3}{24} = \dfrac{7}{24}$

③ $\dfrac{20}{24} - \dfrac{9}{24} = \dfrac{11}{24}$  ④ $\dfrac{21}{36} - \dfrac{8}{36} = \dfrac{13}{36}$

⑤ $\dfrac{4}{18} - \dfrac{3}{18} = \dfrac{1}{18}$  ⑥ $\dfrac{5}{40} - \dfrac{4}{40} = \dfrac{1}{40}$

⑦ $\dfrac{6}{20} - \dfrac{5}{20} = \dfrac{1}{20}$  ⑧ $\dfrac{9}{12} - \dfrac{2}{12} = \dfrac{7}{12}$

⑨ $\dfrac{14}{48} - \dfrac{9}{48} = \dfrac{5}{48}$  ⑩ $\dfrac{39}{54} - \dfrac{32}{54} = \dfrac{7}{54}$

[P. 60]

① $\dfrac{8}{20} + \dfrac{15}{20} = \dfrac{23}{20} = 1\dfrac{3}{20}$

② $\dfrac{3}{6} + \dfrac{4}{6} = \dfrac{7}{6} = 1\dfrac{1}{6}$

③ $2\dfrac{8}{12} + 1\dfrac{9}{12} = 3\dfrac{17}{12} = 4\dfrac{5}{12}$

④ $1\dfrac{5}{6} + 3\dfrac{2}{6} = 4\dfrac{7}{6} = 5\dfrac{1}{6}$

⑤ $1\dfrac{18}{45} - \dfrac{35}{45} = \dfrac{63}{45} - \dfrac{35}{45} = \dfrac{28}{45}$

⑥ $1\dfrac{4}{24} - \dfrac{15}{24} = \dfrac{28}{24} - \dfrac{15}{24} = \dfrac{13}{24}$

⑦ $2\dfrac{7}{14} - 1\dfrac{12}{14} = 1\dfrac{21}{14} - 1\dfrac{12}{14} = \dfrac{9}{14}$

⑧ $2\dfrac{7}{28} - 1\dfrac{20}{28} = 1\dfrac{35}{28} - 1\dfrac{20}{28} = \dfrac{15}{28}$

[P. 61]

**1** ① $\dfrac{5}{15} + \dfrac{1}{15} = \dfrac{6}{15} = \dfrac{2}{5}$

② $\dfrac{7}{42} + \dfrac{3}{42} = \dfrac{10}{42} = \dfrac{5}{21}$

③ $\dfrac{5}{12} - \dfrac{2}{12} = \dfrac{3}{12} = \dfrac{1}{4}$

④ $\dfrac{25}{30} - \dfrac{9}{30} = \dfrac{16}{30} = \dfrac{8}{15}$

**2** ① $\dfrac{9}{12} + \dfrac{2}{12} - \dfrac{6}{12} = \dfrac{5}{12}$

② $2\dfrac{4}{30} - 1\dfrac{12}{30} + \dfrac{9}{30} = 1\dfrac{1}{30}$

③ $\dfrac{14}{24} + \dfrac{15}{24} - 1\dfrac{4}{24} = \dfrac{1}{24}$

[P. 62]

① $\dfrac{9}{24} + \dfrac{8}{24} = \dfrac{17}{24}$  ② $\dfrac{16}{36} - \dfrac{9}{36} = \dfrac{7}{36}$

③ $\dfrac{6}{18} + \dfrac{5}{18} = \dfrac{11}{18}$  ④ $\dfrac{6}{10} - \dfrac{3}{10} = \dfrac{3}{10}$

⑤ $\dfrac{6}{20}+\dfrac{5}{20}=\dfrac{11}{20}$   ⑥ $\dfrac{10}{24}-\dfrac{3}{24}=\dfrac{7}{24}$

⑦ $\dfrac{8}{10}+\dfrac{5}{10}=\dfrac{13}{10}=1\dfrac{3}{10}$

⑧ $1\dfrac{1}{4}-\dfrac{2}{4}=\dfrac{5}{4}-\dfrac{2}{4}=\dfrac{3}{4}$

⑨ $\dfrac{25}{30}+\dfrac{3}{30}=\dfrac{28}{30}=\dfrac{14}{15}$

⑩ $\dfrac{9}{12}-\dfrac{1}{12}=\dfrac{8}{12}=\dfrac{2}{3}$

〔P. 63〕

**1** ① $\dfrac{15}{20}+\dfrac{2}{20}=\dfrac{17}{20}$

② $\dfrac{7}{42}+\dfrac{16}{42}=\dfrac{23}{42}$

③ $\dfrac{8}{60}+\dfrac{25}{60}=\dfrac{33}{60}=\dfrac{11}{20}$

④ $\dfrac{9}{30}+\dfrac{5}{30}=\dfrac{14}{30}=\dfrac{7}{15}$

⑤ $\dfrac{15}{40}-\dfrac{12}{40}=\dfrac{3}{40}$

⑥ $\dfrac{5}{45}-\dfrac{3}{45}=\dfrac{2}{45}$

⑦ $\dfrac{26}{30}-\dfrac{5}{30}=\dfrac{21}{30}=\dfrac{7}{10}$

⑧ $\dfrac{25}{30}-\dfrac{9}{30}=\dfrac{16}{30}=\dfrac{8}{15}$

**2** $\dfrac{5}{6}+\dfrac{8}{9}=\dfrac{15}{18}+\dfrac{16}{18}=\dfrac{31}{18}$

$\dfrac{31}{18}$時間 $\left(1\dfrac{13}{18}\text{時間}\right)$

〔P. 64〕

① $5\times6=30$    30cm²
② $5\times6=30$    30cm²

〔P. 65〕

① $5\times3=15$    15cm²
② $3\times5=15$    15cm²
③ $5\times3=15$    15cm²
④ $3\times4=12$    12cm²

〔P. 66〕

① $5\times8=40,\ 40\div2=20$    20cm²
② $8\times5=40,\ 40\div2=20$    20cm²

〔P. 67〕

**1** ○をつけるもの
① ウ   ② イ

**2** ○をつけるもの
① ウ   ② エ

**3** ① $5\times4\div2=10$    10cm²
② $3\times4\div2=6$    6cm²

〔P. 68〕

**1** $10\times5\div2=25,\ 10\times2\div2=10$
$25-10=15$    15cm²

**2** ① 底辺が8cmで, AもBもCも高さが同じだから。
② A＋CとB＋Cは同じ面積なので, そこから同じCをひいたのでAとBも同じ。

〔P. 69〕

**1** ① $(3+6)\times4\div2=18$    18cm²
② $6\times4\div2+3\times4\div2=18$
18cm²

**2** $(2+5)\times4\div2=14$    14cm²

〔P. 70〕

**1** $4\times6\div2=12$    12cm²
**2** ① $4\times5\div2=10$    10cm²
② $3\times6\div2=9$    9cm²
**3** $4\times8\div2=16$    16cm²

〔P. 71〕

**1** $9.2\times\square=9.2\times8.3$ より    8.3m
**2** ① $10\times6\div2=30$    30cm²
② $(12-2)\times(16-2)=10\times14=140$

$$140 \text{cm}^2$$

③　$7 \times 4 \div 2 = 14$　　　　$14 \text{m}^2$

④　$(6+3+5+4) \times 8 \div 2 = 72$

　　$5 \times 6 \div 2 = 15$

　　$72 - 15 = 57$　　　　$57 \text{m}^2$

〔P. 72〕

①　$6 \times 4 = 24$　　　　$24 \text{cm}^2$

②　$6 \times 5 \div 2 = 15$　　　　$15 \text{cm}^2$

③　$(4+10) \times 5 \div 2 = 35$　　　　$35 \text{cm}^2$

④　$12 \times 4 \div 2 = 24$　　　　$24 \text{cm}^2$

⑤　$(10-1) \times (6-1) = 9 \times 5$

　　　　　　　　$= 45$　　　　$45 \text{m}^2$

〔P. 73〕

①　$4 \times 6 = 24$　　　　$24 \text{cm}^2$

②　$8 \times 6 \div 2 = 24$　　　　$24 \text{cm}^2$

③　$(9+6) \times 6 \div 2 = 45$　　　　$45 \text{cm}^2$

④　$10 \times 6 \div 2 = 30$　　　　$30 \text{cm}^2$

⑤　$8 \times 3 \div 2 = 12, \quad 10 \times 4 \div 2 = 20$

　　$12 + 20 = 32$　　　　$32 \text{cm}^2$

〔P. 74〕

**1**　①　四角形　　②　五角形

　　③　八角形

**2**　①　6つの辺の長さが等しい

　　　6つの角の大きさが等しい

　　②　8つの辺の長さが等しい

　　　8つの角の大きさが等しい

**3**　①　正五角形　　②　正六角形

　　③　正八角形

〔P. 75〕

**1**　①　60°　すべて等しい

　　②　半径と辺の長さは等しい

**2**　①　正三角形　②　正八角形　③　正九角形

　　①　120°　　②　45°　　③　40°

〔P. 76〕

**1**

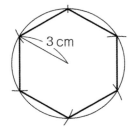

**2**　①　あ　72°　　い　108°　　う　54°

　　②　二等辺三角形

**3**

〔P. 77〕

3, 4

〔P. 78〕

**1**　①　$8 \times 3.14 = 25.12$　　　$25.12 \text{cm}$

　　②　$10 \times 3.14 = 31.4$　　　$31.4 \text{cm}$

**2**　①　$5 \times 2 = 10, \quad 10 \times 3.14 = 31.4$

　　　　　　　　　　$31.4 \text{cm}$

　　②　$6 \times 2 = 12, \quad 12 \times 3.14 = 37.68$

　　　　　　　　　　$37.68 \text{cm}$

〔P. 79〕

**1**　①　$30 \div 3.14 = 9.5\overset{6}{5}$　　　$9.6 \text{cm}$

　　②　$10 \div 3.14 = 3.1\overset{8}{8}$　　　$3.2 \text{cm}$

**2**　①　$12 \div 3.14 = 3.8\overset{2}{2}$

　　　$3.8 \div 2 = 1.9$　　　$1.9 \text{cm}$

　　②　$18 \div 3.14 = 5.7\overset{3}{3}$

　　　$5.7 \div 2 = 2.85$　　　$2.9 \text{cm}$

〔P. 80〕

**1**　$25 \times 3.14 = 78.5, \quad 30 + 30 = 60$

　　$78.5 + 60 = 138.5$　　　$138.5 \text{m}$

**2**　$3.6 \div 3.14 = 1.14$　　　$1.1 \text{m}$

**3**　①　$10 \times 3.14 \div 2 = 15.7$

　　　$5 \times 3.14 = 15.7$

　　　$15.7 + 15.7 = 31.4$　　　$31.4 \text{cm}$

② $4 \times 3.14 \div 2 = 6.28$
$6.28 + 4 = 10.28$
$10.28 \times 4 = 41.12$　　　41.12cm

〔P. 81〕

**1**　$6 \times 3.14 = 18.84$
$12 \times 3.14 = 37.68$
$37.68 \div 18.84 = 2$　　　2倍

**2**　① $10 \times 3.14 = 31.4$
$10 + 10 = 20$,　$31.4 + 20 = 51.4$
　　　　　　　　　　51.4cm
②　$20 \times 3.14 \div 4 = 15.7$
$15.7 \times 2 = 31.4$　　　31.4cm
③　$10 \times 3.14 \div 4 \times 4 = 31.4$
　　　　　　　　　　31.4cm

〔P. 82〕

**1**　①
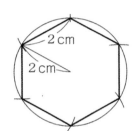
②
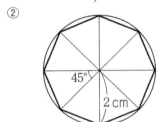

**2**　$20 \times 3.14 \div 2 = 31.4$
$10 \times 3.14 = 31.4$
$31.4 + 31.4 = 62.8$　　　62.8m
**3**　$0.6 \times 3.14 = 1.884$
$1.884 \times 50 = 94.2$　　　94.2m
**4**　$47.1 \div 3.14 = 15$　　　15m

〔P. 83〕

**1**　① $8 \times 3.14 = 25.12$　　　25.12cm
②　$5 \times 2 = 10$, $10 \times 3.14 = 31.4$
　　　　　　　　　　31.4cm

**2**　① $8 \times 2 = 16$

$16 \times 3.14 \div 4 = 12.56$
$12.56 \times 2 = 25.12$　　25.12cm
②　$8 \times 3.14 \div 4 = 6.28$
$6.28 \times 4 = 25.12$　　　25.12cm
**3**　①　あ　72°
　　　　い　108°
　　　　う　54°
②　二等辺三角形

〔P. 84〕

**1**　①　四角柱　　②　五角柱
③　三角柱
**2**　①　底面　　②　側面

〔P. 85〕

| | ⑦ | ⑦ | ⑦ |
|---|---|---|---|
| 立体の名前 | 三角柱 | 四角柱 | 円柱 |
| ちょう点の数 | 6 | 8 | |
| 辺 の 数 | 9 | 12 | |
| 側 面 の 数 | 3 | 4 | 1 |
| 底 面 の 形 | 三角形 | 四角形 | 円 |

〔P. 86〕

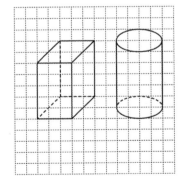

〔P. 87〕

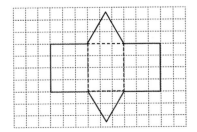

― 139 ―

〔P. 88〕

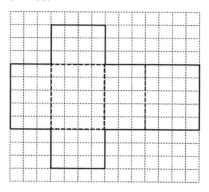

〔P. 89〕

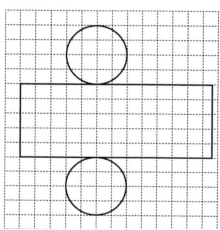

〔P. 90〕
1 ① 四角柱　② 円柱　③ 六角柱
2 ① 円柱　　② 五角柱
3

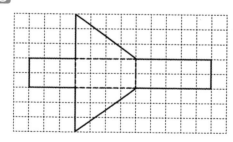

〔P. 91〕
1 ① 五角柱　② 円柱　③ 三角柱
2 ① 底面　② 同じ（合同）
③ 側面　④ 長方形

3

〔P. 92〕
1 ① 6個　② 12個, 12cm³
2 5×4×2＝40　　　　　40cm³

〔P. 93〕
1 ① 4×5×9＝180　　　180cm³
② 10×10×10＝1000　1000cm³
2 ① 4×4×4＝64　　　64cm³
② 8×8×8＝512　　　512cm³

〔P. 94〕
方法1
① 8×4×7＝224, 8×6×5＝240
224＋240＝464　　　464cm³
② 8×4×2＝64, 8×10×5＝400
64＋400＝464　　　464cm³

方法2
8×10×7＝560, 8×6×2＝96
560－96＝464　　　464cm³

〔P. 95〕
① 6×3×8＝144, 6×5×5＝150
144＋150＝294　　　294cm³
② 2×8×4＝64, 2×2×2＝8
64－8＝56　　　56cm³
③ 12×10×3＝360, 7×6×3＝126
360－126＝234　　　234cm³

〔P. 96〕
1 4×5×2＝40　　　　40m³
2 ① 1000000
② 1000000
③ 1000
3 2×2×1.5＝6　　　6m³, 6000L

〔P. 97〕

**1** $13-0.5-0.5=12, 12.5-0.5=12$
$12\times12\times12=1728$
$2000-1728=272$ 　　　　272mL

**2** $30\times20\times2=1200$ 　　　　$1200cm^3$

〔P. 98〕

① $4\times2\times2.5=20$ 　　　　$20cm^3$
② $6\times6\times6=216$ 　　　　$216cm^3$
③ $3\times8\times3=72, 3\times8\times6=144$
$3\times8\times9=216$
$72+144+216=432$ 　　　　$432cm^3$
④ $6\times12\times8=576, 4\times10\times3=120$
$576-120=456$ 　　　　$456cm^3$

〔P. 99〕

**1** $16-2=14, 12-2=10, 8-1=7$
$10\times14\times7=980$ 　　　　$980cm^3$

**2** ① $18L=18000cm^3$
$30\times40=1200$
$18000\div1200=15$ 　　　　15cm
② $15.5-15=0.5$
$30\times40\times0.5=600$ 　　　　$600cm^3$

**3** $25\times10\times1=250$ 　　　　$250m^3$

**4** ① $1000000$ ② $1000$

〔P. 100〕

**1** $81+87+85+83+84=420$
$420\div5=84$ 　　　　84g

**2** $60+65+66+61+64+62=378$
$378\div6=63$ 　　　　63g

〔P. 101〕

**1** $(87+96+100+89)\div4=93$ 　　93点

**2** A $900\div6=150$
B $800\div5=160$ 　　　Bグループ

**3** $90\times4+100=460$
$460\div5=92$ 　　　92点

**4** $85\times5+97=522$
$522\div6=87$ 　　　87点

〔P. 102〕

**1** $8\times6+10+10=68$

$68\div8=8.5$ 　　　　8.5点

**2** ① $2400\div30=80$ 　　　　80g
② $4000\div80=50$ 　　　　50個

**3** $8\times30+10\times20=440$
$440\div50=8.8$ 　　　　8.8個

〔P. 103〕

① ㋐ 10号室 　㋑ 12号室
② ㋐ 10号室 　$5\div8=0.625$
　　　　　　　　　　0.625人
　　12号室 　$4\div6=0.666…$
　　　　　　　　　　0.666人
　㋑ 10号室 　$8\div5=1.6$ 　1.6まい
　　12号室 　$6\div4=1.5$ 　1.5まい
③ 12号室→10号室→11号室

〔P. 104〕

**1** 日曜日 　$660\div6=110$
月曜日 　$960\div8=120$ 　　月曜日

**2** 赤 　$500\div2=250$
青 　$800\div3=266.6…$ 　　赤いリボン

**3** $660\div12=55$
$530\div10=53$ 　　10本530円のえんぴつ

**4** $500\div5=100$
$2500\div100=25$ 　　　　$25m^2$

〔P. 105〕

**1** $30\div0.5=60$
$1200\div60=20$ 　　　　20m

**2** ① 銀 　$2205\div210=10.5$
金 　$2895\div150=19.3$
　　　　　　　　　金の方が重い
② $10.5\times300=3150$ 　　　3150g
③ $1930\div19.3=100$ 　　　$100cm^3$

**3** $10\times10\times10=1000$
$1.08kg=1080g$
$1080\div1000=1.08$ 　　　1.08g

〔P. 106〕

**1** $154\div7=22$ 　　　　22km

**2** $180\div30=6$ 　　　　6L

**3** A $840\div30=28$
B $520\div20=26$ 　　　Aの車

4　100÷4＝25
　　500÷25＝20　　　　　　20L

〔P. 107〕
1　24000÷8＝3000　　　　　3000人
2　75800÷5.1＝14862.7　　　14863人
3　85900÷2177＝39.4…　　　39人
4　中国　　146.8…　　　147人
　　アメリカ　34.5…　　　35人
　　韓国　　513…　　　513人
　　日本　　329.2　　　329人

〔P. 108〕
1　85×4＋100＝440
　　440÷5＝88　　　　　　88点
2　じろう　17.6÷8＝2.2
　　けい子　22.8÷12＝1.9
　　　　　　　　じろうさんの菜園
3　660÷12＝55
　　560÷10＝56
　　　　　　1ダース660円のえんぴつ
4　①　75÷6＝12.5　　　12.5本
　　②　12.5×8＝100　　　100本

〔P. 109〕
1　600÷5＝120
　　520÷4＝130
　　　　　　　4さつで520円のノート
2　480÷6＝80
　　2000÷80＝25　　　　25分
3　140÷5＝28
　　28×8＝224　　　　　224km
4　100÷50＝2
　　2×1000＝2000　　　2000g
5　A町　15600÷13＝1200
　　B町　22500÷18＝1250
　　　　　　　　B町の方が高い

〔P. 110〕
1　150÷3＝50　　　時速50km
2　120÷2＝60　　　時速60km
3　400÷5＝80　　　時速80km
4　550÷2.5＝220　　約時速220km

〔P. 111〕
1　900÷4＝225　　　時速225km
2　12km＝12000m
　　12000÷15＝800　　分速800m
3　540÷8＝67.5　　　分速67.5m
4　5100÷15＝340　　秒速340m

〔P. 112〕
1　50×2＝100　　　　100km
2　60×3.5＝210　　　210km
3　125×3＝375　　　375km
4　173×4.1＝709.3　　710km

〔P. 113〕
1　460×2＝920　　　920km
2　75×15＝1125　　　1125m
3　800×25＝20000
　　20000m＝20km　　20km
4　340×5＝1700　　　1700m

〔P. 114〕
1　150÷50＝3　　　3時間
2　240÷60＝4　　　4時間
3　220÷110＝2　　　2時間
4　6200÷900＝6.8…　約7時間

〔P. 115〕
1　1km＝1000m
　　1000÷50＝20　　20分
2　560÷160＝3.5　　3.5分
3　2km＝2000m
　　2000÷500＝4　　4分
4　1360÷340＝4　　4秒
5　15000万÷30万＝500
　　500秒＝8分20秒

〔P. 116〕
1　ボルト　100÷9.58＝10.43…
　　40km＝40000m　分速　666m
　　秒速　11.1m　時速40kmの自動車
2　505km＝505000m
　　分速　8417m
　　秒速　140m

3 ① 624　② 37
　③ 1050　④ 63
　⑤ 100　⑥ 6000
　⑦ 140　⑧ 504
　⑨ 267　⑩ 16000

〔P. 117〕
1 280÷5＝56　　時速56km
2 70×3.5＝245　　245km
3 140÷40＝3.5　　3.5時間
4 A：74÷2＝37
　B：150÷5＝30　　Aのプリンタ
5 3秒÷2＝1.5秒
　340×1.5＝510　　510m

〔P. 118〕
1 108÷120＝0.9　　0.9
2 144÷180＝0.8　　0.8

〔P. 119〕
1 ① 2％　② 5％
　③ 45％　④ 99％
　⑤ 60％　⑥ 50％
　⑦ 100％　⑧ 120％
　⑨ 150％　⑩ 135％
2 ① 0.8　② 0.7
　③ 0.55　④ 0.98
　⑤ 0.05　⑥ 0.06
　⑦ 1　⑧ 1.25
　⑨ 1.5　⑩ 1.8

〔P. 120〕
1 245×0.6＝147　　147人
2 25×0.54＝13.5　　13.5m²
3 1−0.2＝0.8
　2000×0.8＝1600　　1600円

〔P. 121〕
1 600÷0.6＝1000　　1000円
2 640÷0.8＝800　　800円
3 500÷0.4＝1250　　1250円

4
| 小　数 | 百分率 | 歩　合 |
|---|---|---|
| 0.3 | ① 30％ | ② 3割 |
| 1.2 | ③ 120％ | ④ 12割 |
| ⑤ 0.46 | 46％ | ⑥ 4割6分 |
| ⑦ 0.345 | ⑧ 34.5％ | 3割4分5厘 |

〔P. 122〕
1 A 1200×0.85＝1020
　B 1200×0.8＝960
　C 1200−200＝1000　　B店
2 1323×1.5＝1984.5　　約2000人
3 138÷537＝0.2569　　2割5分7厘
4 121÷403＝0.300…　　こえる

〔P. 123〕
① あ 61％　い 22％
　う 12％　え 5％
② あ 380000×0.61＝231800　23万km²
　い 380000×0.22＝83600　8万km²
　う 380000×0.12＝45600　5万km²
　え 380000×0.05＝19000　2万km²
③ ・本州が一番広い
　・本州は日本の半分以上の広さ
　・2番目は北海道　などから2つ。

〔P. 124〕
①
休み時間の遊び（5年）
| 遊　び | 人　数 | 百分率（％） |
|---|---|---|
| ドッジボール | 69 | 46 |
| サッカー | 30 | 20 |
| 一　輪　車 | 21 | 14 |
| なわとび | 12 | 8 |
| そ　の　他 | 18 | 12 |
| 合　　計 | 150 | 100 |

②
休み時間の遊び（5年）

| ドッジボール | サッカー | 一輪車 | なわとび | その他 |
|---|---|---|---|---|

0　10　20　30　40　50　60　70　80　90　100％

③ ・ドッジボールをしている人が多い
　・ドッジボールを半分ほどの人がして
　　いる
　・サッカーが2番目に多い
　・なわとびは少ない　などから2つ。

〔P. 125〕

① けがでやってきた人数（1学期）

| 種　類 | 人　数 | 百分率(%) |
|---|---|---|
| すりきず | 48 | 32 |
| 打ぼく | 36 | 24 |
| 切りきず | 24 | 16 |
| つき指 | 15 | 10 |
| その他 | 27 | 18 |
| 合　計 | 150 | 100 |

② けがでやってきた人数（1学期）

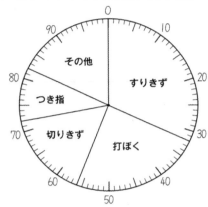

③ すりきずをした人が多い　など

〔P. 126〕

1　500×1.1＝550　　　550円

2　6÷0.2＝30　　　30人

3　378÷1080＝0.35　　35%

4　①　7%　　②　7分

　　③　0.089　　④　8分9厘

　　⑤　0.2　　⑥　20%

　　⑦　2　　⑧　20割

　　⑨　100%　　⑩　10割

5　453×0.4＝181.2

　　182−176＝6　　　6本

〔P. 127〕

① 地区別児童数

| 地　区 | 人　数 | 百分率(%) |
|---|---|---|
| 北　町 | 130 | 37 |
| 東　町 | 85 | 24 |
| 南　町 | 65 | 19 |
| 西　町 | 31 | 9 |
| 中央町 | 21 | 6 |
| その他 | 18 | 5 |
| 合　計 | 350 | 100 |

② 地区別児童数

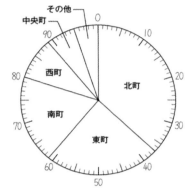

③ ・北町からきている人が一番多い
　・北町と東町で60%以上をしめる
　　などから1つ。

〔P. 128〕

| 1辺の長さ□(cm) | 1 | 2 | 3 | 4 | 5 | 〰 |
|---|---|---|---|---|---|---|
| 周りの長さ○(cm) | 4 | 8 | 12 | 16 | 20 | 〰 |

2倍

〔P. 129〕

1　①

| 長さ(m) | 1 | 2 | 3 | 4 | 5 | 6 |
|---|---|---|---|---|---|---|
| 重さ(kg) | 2.5 | 5 | 7.5 | 10 | 12.5 | 15 |

　②　2倍、3倍になる

2

| 1辺の長さ(cm) | 1 | 2 | 3 | 4 | 5 | 6 |
|---|---|---|---|---|---|---|
| 周囲の長さ(cm) | 4 | 8 | 12 | 16 | 20 | 24 |

いえる

3　①

| 高　さ(cm) | 1 | 2 | 3 | 4 |
|---|---|---|---|---|
| 面　積(cm²) | 2 | 4 | 6 | 8 |

　②　4×8÷2＝16　　　16cm²